周晓燕

影响中国菜的那些人

董克平 —— 主编

灵心小榭 周晓燕 —— 著

青岛出版社

图书在版编目(CIP)数据

影响中国菜的那些人.周晓燕 / 董克平主编；灵心小榭，周晓燕著. — 青岛：青岛出版社，2020.5

ISBN 978-7-5552-9013-1

Ⅰ.①影… Ⅱ.①董…②灵…③周… Ⅲ.①周晓燕 – 生平事迹②苏菜 – 介绍 Ⅳ.①K828.9② TS972.117

中国版本图书馆CIP数据核字(2020)第031693号

书　　　名	影响中国菜的那些人 周晓燕（味道的传承）
主　　编	董克平
著　　者	灵心小榭　周晓燕
摄　　影	康　晋　王老虎
出 版 发 行	青岛出版社
社　　址	青岛市海尔路182号（266061）
本 社 网 址	http://www.qdpub.com
邮 购 电 话	13335059110　0532-68068026
策 划 编 辑	刘海波　周鸿嫄
责 任 编 辑	徐　巍　肖　雷
装 帧 设 计	丁文娟　张　骏
印　　刷	深圳市国际彩印有限公司
出 版 日 期	2020年5月第1版　2024年9月第2次印刷
开　　本	16开（787毫米×1092毫米）
印　　张	12.25
图　　数	362幅
字　　数	200千
书　　号	ISBN 978-7-5552-9013-1
定　　价	158.00元

编校印装质量、盗版监督服务电话：4006532017　0532-68068638

我跟董克平的友谊，可以追溯到1983年的秋天。

那年，我大学毕业后被分配到北大团委工作，董克平则刚刚考上北大哲学系。我们气味相投，成了相当亲密的朋友。我记得他身上有一种北京人特有的味道。这种味道很难定义，但在跟我这个小镇来的人的对比中，他的这种味道就突显出来了。

比如我问他："拿到北大录取通知书你很激动吧？"

因为我拿到大学录取通知书后，狂喜了好几年。

他面无表情地说："那有什么可激动的？我跟班主任说了一声'谢谢老师'，就回家了。"

我说："你住在北京，随时可以见到天安门，什么感觉？"

因为我来到北京后，每次去天安门，都觉得自己是在梦中。

他说："我天天骑车从天安门前走几个来回，没什么感觉。"

虽说我比董克平大将近十岁，也算是他的老师，但我总觉得他比我"牛"。确实，虽说我在北大是拿工资的"教工"，但面对董克平这样不走寻常路的北大学生，我总是带着高考落榜生那样的心态，充满羡慕、嫉妒和欣赏。当然，因为我已经是北大老师了，所以就不会"恨"他。

在我们认识大概两个月之后，有一天他居然跟我说："徐老师，喊你老师挺怪的，不如喊你小平吧。"

我嘴里不说，心里却想：小董真懂事。被他以"老师"称呼着，我许多事情就不便跟他一起做了。从此董克平就喊我"小平"，我也就不把他当外人，没少跟他一起吃喝玩乐。

春花秋月何时了，往事知多少？

跟董克平交往久了，我发现了他的一个特点：这个对考上北大波澜不惊、对经过天安门习以为常、居然提议直呼老师名字的家伙，却有一个总是让他激情澎湃的事情——吃。

在那个北大老师月薪不到一百元人民币的时代，讲究吃这件事情还没有被人认为是一种美德。董克平的跟吃有关的故事也许可以拍一部妙趣横生的电影来展现。但说实话，我当时心目中对他的这个嗜好，实际上是持有批判态度的。

我当年对董克平嗜吃的不屑，真可以用一句流行语来形容："贫穷限制了我的想象力。"在20世纪80年代早期的中国，大家都穷。能不饿就算不错，岂能像鉴赏艺术品那样来鉴赏食物，把饕餮当作一种人生的激情来追求？

我做梦也没有想到，几十年过去，董克平居然吃成了中国著名的美食评论家，成就了一番让我为他感到非常骄傲的事业。

在这几十年中，我跟董克平一直保持着密切的联系。而且自从他在美食界出名之后，我们就联系得更密切了。因为我每次请客吃饭，无论在哪个城市，都要让董克平帮我推荐餐厅。董克平推荐的餐厅，自然是一座难求的，所以就需要他帮我找老板订座。然后去他帮我订座的餐厅吃饭，总会遇到厨师长、老板出来跟我嘘寒问暖，加菜免单。我当然不会接受老板免单的美意，但每次还是忍不住让董克平帮我订餐——我非常愿意体会我的作为美食评论家的老友董克平的那种跟全国各著名餐厅老板和大厨互相敬重的感觉。这种感觉，推动着中国餐饮事业向着更加争奇斗艳的未来发展。

为了出版这套书，董克平找我写序。他说，这本书的缘起跟我有关，说是在大董的一次饭局上我向他提出来的。

毫不夸张地说，在全世界所有的餐厅中，大董是我的最爱。我去大董是不需要小董（克平）介绍的。因为我和大董友情的发展进度，几乎赶上了和小董四十年的友情。每次在大董吃饭，我都会强烈地感受到大董对中餐的改进、创新、颠覆和升华；都同感中华美食进化到大董的菜肴这个境界，需要更多的人从各个角度对大董以及当代其他各位名厨及其佳肴名馔进行研究与弘扬。我肯定会在某个时候，跟董克平发这样的感慨，鼓励他进一步深化他的美食评论和研究事业。

董克平说:"你虽然号称美食家,但只能吃其然,而不能吃其所以然,所以研究工作当然得由我这样的专业人士来做。对具体菜品进行记录分析,可以很好地挖掘出一个厨师的创作精神本源,挖掘出中餐创新中规律性的东西,为后来者提供一个创新模板。这也算是为当代中国烈火烹油般高速发展的中餐艺术 留下一点'油迹'……"

让我惊讶的是,仅仅才过了两个吃大闸蟹的季节,董克平主编的《味道的传承——影响中国菜的那些人》丛书的前几本就已经热腾腾问世了。

用文字和图片记录顶尖厨师的经典菜品,是对那些在历史盛宴中呕心沥血创造菜品的大厨们的致敬,是对他们美食艺术的一次大展。这套书的出版,为近年来中国餐饮的发展历程留下了一份资料,为中国美食的传承与创新留下了一份记录。

菜是大董们做的,书是小董们著的,序言是懂二董们的老徐写的。社会在高速发展,中餐也在高歌猛进,但无论发生什么变化,都永远改变不了董克平的两个追求。这两个追求,一个是他对极致美食酷爱并把它记述传播的激情,还有一个追求,这里其实不便说了……

不过我还是说了吧:董克平一直追着我,想带我去世界各地进行一次美食之旅,和我共同创作一系列记录世界各国名厨的图书。他约了我快十年了,我们每次见面都说起,可惜我忙于其他事情,至今没有成行。但即使成行,我可以跟他去吃,却肯定不会滥竽充数,借他的名声在美食界蹭流量的,我也会做些力所能及的事。

你没有想偏了吧?

徐小平

2020 年 4 月

新东方创始人
曾任新东方文化发展研究院院长
创立"真格"天使投资基金

经过改革开放四十年的发展,中国人解决了温饱问题,饮食文化也有了长足的发展,用短短四十年就走完了西方几百年的路。这一时期与中国经济高速发展同步的,是中国餐饮业也取得了蓬勃发展。对这个进程,人们有着多种形式的描述与记录,我们这次选取一些人和他们的代表菜,用图书的形式回顾中国餐饮业的发展,找到中国味道发展的脉络,以求为改革开放以来中国饮食的传承留下一个记录。

饮食是社会发展的一个缩影。对于信奉"民以食为天"的中国人来说,饮食的意义更为重要——不仅有补充能量以活下去的生物学意义,更有社会生活审美的哲学意义。孙中山先生在《建国方略》中把中国烹调与美术并列,认为中国烹调是一种美的创造。他说:"夫悦目之画,悦耳之音,皆为美术;而悦口之味,何独不然?是烹调者,亦美术之一道也。"孙中山先生把形而下的物质(食物)上升到形而上的审美,是对中国饮食的褒奖与正名。如果按照孙中山先生的观点审视中国烹调、菜品,我们会发现饮食与社会发展、社会文化关系密切,是社会文化中实实在在的审美对象。

改革开放后,随着经济快速发展、国家实力增强,餐饮行业的市场需求变得更旺盛,发展也更迅速。繁荣的市场和先进的理念,造就了一批优秀企业和杰出人物,他们在改造中国菜的同时也改变了中国厨师的地位。其中更有一些佼佼者,已经开始在国际舞台上大放光彩。大董把中国古典文学艺术与烹饪结合,在给人们带来美味的同时,艺术地表达了中国味道,因此被媒体评为"城市英雄";杭州的厨师王勇更是获得了国际知名杂志的"年度厨师"称号……

厨师的劳动创造出的百般滋味、千样芳华，让我们身心愉悦。在我看来，他们就是当代的"城市英雄"。通过对饮食变化的观察，我们可以看到几十年里中国社会翻天覆地的变化。继承与发展并举，引进与创新共进，珍馐美馔层出不穷，饮食园地，百花争艳。这是社会发展在饮食上的体现，更是改革开放的成果在饮食上的体现。

这套书选取的人物和菜式，不是简简单单的一个人、一道菜，而是代表着中国味道的文化传承。因为有这些食物，因为有这种中国味道，当下的我们与历史、与祖先，有了穿越般的勾连，能感觉到味道传承中的血脉相通。这些在人们的唇齿间鲜活流转着的、带着人间烟火气的味道，就是真正传承的味道，是我们中国人在饮食风味上最明显的特征。吃，在中国不仅有着"以食为天"的自然意义，也有着"以食为纲"的政治文化意义，更是中华礼仪的发轫之作。中国饮食正是通过它一日三餐的日常教化，把中国人形而下的物质生活和形而上的精神文化聚在了一处，也把中国人聚在了一起。

感谢青岛出版社，没有你们的付出就没有这套书的出版。感谢入选丛书的每一位饮食工作者，味道因你而精彩。感谢丛书的撰写者，你们不辞辛苦地采访、记录、撰写，这才有了这些真诚且真实的味道记录。用味道记录时代，以经典菜品记录中国饮食的变化与发展，大致就是"味道的传承"这套丛书的意义所在。我们虽力有不逮，也要努力前行。

董克平
2020 年 4 月

目录

壹。震惊世界的刀工

01 马德里峰会·细可穿针的豆腐赢了 …… 002

02 切的匀比切的细更难 …… 006

03 更精妙的是看不见的刀工 …… 009

贰。大师的养成

01 少年厨师兜兜转转进学府 …… 014

02 大师教出的大师 …… 016

03 更精妙的是看不见的刀工 …… 020

叁。狮子头的盛器 中国菜的呈现

01 两头弱中间强的中餐 …… 026

02 狮子头的传说 将军的印章 …… 030

03 每位厨师都要有一份美学特长 …… 034

肆。淮扬味道该如何传承

01 非遗传承人 淮扬菜的精髓 …… 040

02 机器人炒菜 …… 043

03 师父眼中的徒弟 …… 046

04 辩证的平衡 大师的襟怀 …… 064

伍。周晓燕的代表菜

鱼汤煮干丝 …… 068
拆烩鱼头羹 …… 078
炒软兜 …… 086
红花汁白菜 …… 092
刀鱼馄饨 …… 102
荷叶叫花鸡 …… 112
椒盐黄鱼 …… 120
狮子头 …… 128
蒲菜焓虎尾 …… 134
苹果八宝饭 …… 140
文思豆腐羹 …… 146
三鲜脱骨鱼 …… 152
虾爆鳝 …… 160
扬州炒饭 …… 168
松仁红酥鸡 …… 176

壹。

震惊世界的刀工

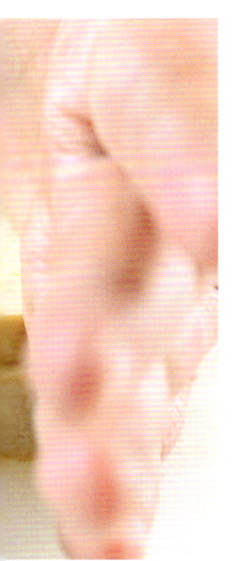

一根普通的莴笋,在周晓燕的刀下,被轻轻拉成优雅的冈格花纹;一块嫩嫩的豆腐,被切成细如发丝的『菊花』,每一丝『花瓣』都细可穿针,在清水中颤动着绽放,每一丝『花瓣』都细可穿针;鱼肉也幻化成斗艳的『菊花』,炸制后绽放在瓷碟之上……

台下来自世界各地不同肤色的厨界高手们震惊了,随后是不绝于耳的掌声和咔嚓咔嚓的相机快门声。

马德里峰会，
细可穿针的豆腐赢了

在西班牙马德里举办的马德里国际美食峰会(Madrid Fusion)，是全球厨师界最具影响力的美食峰会之一，自2003年创办以来，每年举办一届，是世界餐饮潮流的风向标。马德里峰会的演讲嘉宾都是在世界范围内有影响力的名厨，他们的演讲内容反映了国际餐饮业的发展趋势。

对于全球顶尖厨师来说，在马德里国际美食峰会上拥有一个演讲时段，是他们梦寐以求的事情。

2015年2月,中国首次作为主宾国出席第十三届马德里美食峰会。中国的烹饪大师第一次作为演讲嘉宾,登上马德里议会宫大厅的讲台,面对上千名国际名厨发表演讲。

2015年2月3日10:00—10:30,扬州大学旅游烹饪学院执行院长、中国淮扬菜非物质文化遗产传承人周晓燕教授做了题为《淮扬菜精致刀法》的演讲和演示。这是淮扬菜第一次在这个世界顶级美食峰会上亮相,它的登场毫无疑问受到世界顶级大厨的关注。

周晓燕的演讲使用汉语,演讲PPT(一款演示软件)文稿采用汉英双语,峰会组织方在现场配备了八种语言的同声传译。周晓燕现场演示了出神入化的刀法,他制作的蓑衣青笋、菊花豆腐、菊花鱼,数次博得现场上千位专业观众的热烈掌声。

周晓燕用于表演的厨刀是在马德里当地的中餐馆借的,食材是在当地最大的超市买的。考虑到不熟悉刀具,食材也可能有差异,周晓燕提前一天就做了准备。马德里当地只能买到石膏豆腐和日本豆腐,买不到淮扬菜常用的内酯豆腐。他和助手们提前一天买了当地所有种类的豆腐进行尝试,最后选择了当地一款日本豆腐做现场表演。

壹。震惊世界的刀工

西班牙当地媒体前一天就对中国代表团的到来进行了报道。走在街头，有西班牙华人主动跟周晓燕一行人打招呼，说："我们一直在看你们的表演，给你们加油。你们是中国的骄傲。"

周晓燕的表演让马德里峰会的主持人感到惊奇，他悄悄拿出手机走到近处拍了几张照片，现场的观众会心大笑。是的，演示的架势确实有些令人怀疑那些食材是道具。

演讲PPT中加入的文思豆腐、三套鸭的刀法视频，让在场的观众大开眼界。当周晓燕现场演示刀工时，观众仿佛看到了来自神秘东方的身怀绝技的"刀客"。他演示时，只见刀锋游走，如行云流水。

一根普通的莴笋，在周晓燕的刀下，被轻轻拉成优雅的网格花纹；一块嫩嫩的豆腐，被切成细如发丝的"菊花"，在清水中颤动着绽放，每一丝"花瓣"都细可穿针；鱼肉也幻化成斗艳的"菊花"，炸制后绽放在瓷碟之上……台下来自世界各地不同肤色的厨界高手们震惊了，随后是不绝于耳的掌声和咔嚓咔嚓的相机快门声。

"在扬州，有很多厨艺高超的师傅，他们将技艺代代相传。"周晓燕的演讲和演示向世界展示了中国淮扬菜的精湛技艺，让世界餐饮界对中国菜有了全新的认识。

壹。震惊世界的刀工

切得匀
比切得细更难

谈起中国四大菜系，周晓燕说：粤菜最擅选料，选料之广，是其他菜系难以企及的；川菜以调味见长，变化之多，非其他菜系所能及；鲁菜最擅控制火候；淮扬菜则长于刀工。

谈到鲁菜最擅控制火候，一些人可能会质疑。粤菜不是也很讲究火候吗？清蒸海鲜少一秒则生，多一秒就老，不正说明粤菜火候拿捏得精准吗？

周晓燕说，看中国菜技艺的所长，要放在世界烹饪舞台上去考量。

从世界烹制美食的技术看，在烤、煎、炸几种烹饪技术上，西餐具有优势。在控制用油的温度、时长、物料与油的比例等方面，中餐厨师未必比西餐厨师掌握得更多、更好。

在蒸、煮技术上，中餐也没有绝对优势。日本、东南亚一些地区对蒸、煮的技术掌握得已经很成熟。

中餐烹制食物唯有一种制熟的技术几乎是"独步武林"的。在日本、东南亚餐食中这一技法用得不多，而在欧美餐食烹饪中几乎没有这种技术，那就是"炒"。

炒的技法，有几种变化，分为旺火爆炒、温油慢炒和中火煸炒等。川菜、粤菜、淮扬菜烹饪中，煸炒用得较多。而鲁菜中爆炒的菜式多，所以鲁菜师傅掌握旺火爆炒的能力，是其他菜系的厨师无法比拟的。

同样的道理，说淮扬菜以刀工见长，也是拿到世界烹饪水平线上去评价的。淮扬菜精细的刀工，与西餐、日料的刀工相比较，是很有竞争力的。

看多了刀工细可穿针的文思豆腐、菊花豆腐这样的表演，人们容易产生一个误解——刀工好不好，就看切得细不细。

其实，考核淮扬菜厨师的刀工是否出色的标准，并不是看切得细不细，而是看在符合配菜要求的前提下，切得是不是足够均匀一致。

淮扬名菜大煮干丝，并不要求切得很细，太细吃起来没有质感。大煮干丝要求将干丝切得整齐均匀。一块方干要片成十八片以上，透过方干片可以看到报纸上的字，每一片都要厚薄一致，切出的豆干丝的长短粗细也要完全一致，这才是符合标准的刀工。

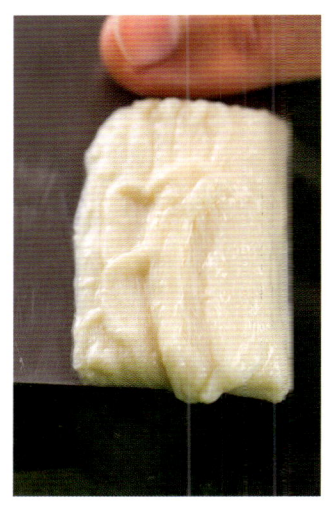

壹。震惊世界的刀工

兰花莴苣也是一道很考验淮扬菜师傅刀工的菜式。它要求每一下斜刀的角度都是平行一致的,每一刀的深浅都是相同的,这样才能切出完美的花纹。

"切得均匀比切得细更难。在均匀一致的前提下,该切细的切细,该切粗的切粗,该切深的切深,该切浅的切浅。厨刀成为手的延伸,精准地实现厨师的心之所想,这就是淮扬菜刀工的最高境界了。"周晓燕如是说。

更精妙的是
看不见的刀工

淮扬菜的刀工分为看得见的刀工和看不见的刀工。

看得见的刀工是切成有形的。比如文思豆腐、兰花莴苣,体现的就是看得见的刀工。比看得见的刀工更精妙的是看不见的刀工。

看不见的刀工分为三类。

一类是斩,体现这种刀工的最具代表性的菜品是扬州狮子头。

狮子头里有什么玄机呢?似乎看不出有什么精妙的刀工啊?其实,中国大江南北都有和狮子头差不多的菜式——肉丸子。为什么扬州狮子头会独树一帜?刀工就是其中一个关键因素。

扬州狮子头的肉是一刀一刀切出来的,肥肉和瘦肉是互不粘黏的,而且不大不小,必须是均匀的黄豆大小的肉粒,这样做出的狮子头才会有嫩、滑、松、爽的口感。

第二类看不见的刀工是"拆解",体现这种刀工的最具代表性的菜式是三套鸭。家鸭里套着野鸭,野鸭里套着鸽子。这道菜上来时看上去鸭子外形都是完整的,看不到刀口。吃起来会发现,鸭子、野鸭和鸽子已去骨。三套鸭是另一种"庖丁解牛"。刀工精湛的淮扬菜师傅对食材的结构了然于胸,不用做剁砍的动作,每一刀下去,都切在关节上,几刀之后,骨和肉就被拆解得清爽利落了。

第三类看不见的刀工,如今已濒临失传,就是雕刻。淮扬菜中曾有层叠繁复、雕工细致的西瓜灯。在乾隆时期,扬州西瓜灯又分为两层、三层、五层的瓜雕,常见于御宴桌上,其精细程度令人叹为观止。

淮扬菜师傅的厨刀要比其他菜系厨师的厨刀重一些，前切后斩，所有刀工均可用这把厨刀体现。做中国菜，最好用的还是中餐的厨刀。一些年轻厨师做中餐时喜欢用西餐刀，认为那样时尚。其实就中餐烹饪来说，无论是效率还是动作适手程度，西餐厨刀都无法和中餐厨刀相比。

精湛的刀工，不仅能改变食材的形状，对成菜的口感、味道也是有影响的。

将新鲜冬笋切滚刀块，有经验的老厨师会切一半，另一半用刀背拗断，让切口处有毛边。这样笋就很容易将苦涩味析出去，将汤味吸进来。这就是刀工的神奇作用。

炒油菜，炒肉丝。如果食材切得恰到好处，炒出来的成品是脆的或者嫩的；如果切出来的食材过细或过粗，成品口感可能是韧的或不熟的。

厨行里有句经验之谈，叫作"横切牛肉，竖切鱼"。切牛肉的时候不能顺着纤维切，而要垂直于纤维切，牛肉吃起来就是松的，肌肉纤维不会嚼不动；而鱼肉要顺着切，才不会散碎。这也说明，刀工对食材的质感有重要影响。因此，对刀工的理解应该深入到它对食物的质感、风味的影响上。

壹。震惊世界的刀工

贰。
大师的养成

一位教师如果没有经历过这样的兜兜转转，便不会明白美食江湖之远；

一位厨师如果一直在餐饮江湖之中行走，又往往忘了庙堂之高。

周晓燕接受过严谨的科班教育，又有丰富的后厨、前厅的工作经验。

身处厨房，才能有更开阔豁达的视野；

回到课堂，才能有更深刻而鲜活的理解。

少年厨师
兜兜转转进学府

  如今的周晓燕，对烹饪的技法有精准的把握，对烹饪的理论有深刻的思考。而在1980年，对于少年的周晓燕来说，当厨师，或许只是一个巧合。

  1980年，周晓燕不满十七岁。那时恢复高考没有几年，周晓燕正在淮安的金湖中学读高一。当时，周晓燕有个关系颇好的邻居没有考上大学，便去了淮安商业技工学校学烹饪。这个邻居毕业之后留校任教。在邻居的影响下，相信"一艺在身，胜如田庄在手"的周家父母，决定让周晓燕去学学烹饪。于是，刚读了一年高中的周晓燕便跟随邻居进了淮安商业技校学习烹饪，入了厨行。

在学校简单学习一年以后,周晓燕获得了一个很好的机会——被派到当时扬州著名的饭店菜根香实习一年。周晓燕非常珍惜这个学习的机会,每天早晨天刚亮,他就会提前到店里"抢食材"。他说:"学切菜、练刀工,去迟了就没有了,都被别人切完了。"

刀工,是每一位厨师的基本功。切、片、剁、劈、拍、刮,任何一种刀法不过关,都不能成为一名合格的厨师。练刀工,一开始是切萝卜、黄瓜,这些食材质地脆,比较好切;然后是把土豆切丝、切片,这个难一点;再后来是切榨菜丝,材料是软的,这个更难一点;最后才是切肉类。切各种食材,他都一一过关了。

在菜根香的实习,提高了周晓燕的技术,也提升了他对烹饪工作的兴趣。

1983年,周晓燕从淮安技校毕业,恰在此时,位于扬州的江苏商业专科学校创办中国烹饪专业。这是教育部批准的全国第一个大专类的烹饪专业,学制三年。由于专业教师不足,便在全省的烹饪学校招聘优秀的毕业生负责教学助理工作。基本功过硬的周晓燕在众多应聘者中脱颖而出,进入江苏商业专科学校工作。兜兜转转,刚入行的青年厨师,走进了学府。

贰。大师的养成

大师教出的大师

1983年，刚成立的江苏商业专科学校烹饪专业没有足够的老师教烹饪工艺课程。刚从技校毕业的周晓燕当然也没有能力成为烹饪大专班第一批学生们的讲师，他的职务是助理教师。但正是幸运的助理教师的岗位，让未来的大师周晓燕成为了数十位大师的助手。

当时的江苏商业专科学校隶属于商业部。为了办好中国厨师业的第一个高等学历专业，在创办烹饪系的前五年里，商业部从全国各地抽调了数十位顶级名厨来到扬州，作为兼职教授轮流授课。

一节烹饪工艺课的课程时间并不长，大量的准备工作是在后场完成的。作为助教的周晓燕，从．场准备开始参与，包括买菜、选料、洗菜、切配，轮流与各路大师亲密接触，比当时的学生实践得更多，掌握得更全面。

20世纪80年代初期，这群手艺高超的厨艺大师散居在各地。他们大多于1949年之前入行，经过起起伏伏，来到大学里教课。他们对美食的理解在暮年展现出华彩。他们身怀绝技，也铆足一股劲儿想为新时代培养人才。

周晓燕说，那时他也没有想到要拜师，因为月月都有大师轮换。这些大师都是全国饮食行业最顶级的厨师，从全国各地会集扬州，其中有闽菜大师、号称"双强"的强木根、强曲曲，有淮扬菜大师胡长龄、杨继林……各种菜系、各个门派的大师的演练，对周晓燕迅速提升技术、更全面地理解中国美食烹饪的精髓无疑是大有裨益的。

"这些大师至今都让我印象深刻。比如淮扬菜冷菜大师杨继林，他切菜的动作连贯优美，没有一个多余动作，让人觉得一刀不能多一刀也不能少。看他切菜简直是一种享受。还有鄂菜大师卢永良，他做鳝鱼时，只要在鳝鱼头部的某个穴位上轻轻一拍，鳝鱼便像睡着了一样任他摆布，几刀下去，鱼骨便被剔出。而我们总是需要把鳝鱼在地上猛摔，鳝鱼很滑，我们抓也抓不住，常常满地找鳝鱼。"周晓燕说。这段与大师们相处、给他们做助教的经历，为他练成成熟的技艺打下了最坚实的基础。

贰。大师的养成

从厨房、赛场到课堂

在厨艺之路上,有三件事最让周晓燕欢喜兴奋。第一件是技校毕业后重新参加高考,考上了大学。周晓燕通过高考统考统招,考取了本校,毕业后留校任教,正式成为一名大学教师,圆了学府梦。从此周晓燕一直与餐饮厨房和大学课堂相伴而行,这条路一走就是三十三年。

身处学堂的周晓燕没少到厨房锻炼。留校任教后不久,周晓燕被派往江苏商业专科学校下属的饭店琼林苑工作。琼林苑是扬州当时数一数二的名店。周晓燕从厨师做到领班,从领班做到厨师长,之后是餐厅经理、饭店总经理。在将近十年的一线工作中,他将在学校里学到的烹饪知识、技术、理论,投入到琼林苑里去实践、验证。坚实的理论功底,加上一线扎实的实践演练,让周晓燕迅速成长。

在此期间,周晓燕参加了不少比赛,斩获了多项大奖。其中,就有让他喜悦的第二件事。能与第三件喜悦之事——代表淮扬菜从业者在马德里峰会上演讲——同样让周晓燕欢欣雀跃的是:他参赛的冷菜、热菜夺得了当年的世界餐饮大赛的两个特别金奖。

2002年,在马来西亚中国烹饪世界大赛上,周晓燕烹制了冷菜作品"荷塘月色"和热菜作品"鸽蛋鱼丸"。

冷菜作品"荷塘月色"表现了朱自清的散文《荷塘月色》的优美意境。用芦笋、黄瓜、火腿等十几种食材切片,拼成一个半立体的荷叶造型,放在黑色器皿中。成品俨如月光下的荷塘。荷叶在迎风摇曳,充满扬州的味道和元素,安静唯美,令人赞不绝口。

热菜作品"鸽蛋鱼丸"带给了评委们更大的惊喜。"鸽蛋黄"是用蟹黄冻做成的,用鱼蓉包裹成鸽蛋的形状。加热后,半透明的鱼丸内隐约可见半流动的"鸽蛋黄"。这道同时体现刀工和创意的创新淮扬菜,瞬间征服了评委的心。

三十八岁的周晓燕凭借这两道菜,一次拿到了世界大赛的两个特别金奖,在中国餐饮界名声大噪。

在厨师界,周晓燕的身份很特别,因为他既是一名厨师,也是一名教授,他既要下厨房,又要上课堂。

也许,正是行走在厨房和课堂之间,才成就了这位不一样的淮扬菜代表人物。

一位教师如果没有经历过这样的兜兜转转,便不会明白美食江湖之远;一位厨师如果一直在餐饮江湖之中行走,又往往忘了庙堂之高。周晓燕接受过严谨的科班教育,又有丰富的后厨、前厅的工作经验。身处厨房,才能有更开阔豁达的视野;回到课堂,才能有更深刻而鲜活的理解。

荷塘月色

味道韵传承

叁。

狮子头的盛器
中国菜的呈现

为了更好地呈现中餐菜品，周晓燕希望能给这些菜品寻找一些中国故事，这样菜品与餐具的结合会更紧密、更协调。

两头弱 中间强的中餐

在江苏宜兴丁蜀镇的一家紫砂工厂里，周晓燕正在和工艺美术大师一起，对一件方形紫砂器皿的颜色和造型进行讨论。原来，周晓燕正在为淮扬菜的代表菜扬州狮子头定制一款餐具。

周晓燕认为，餐具领域，可能是未来餐饮业要重点发展的一个领域。因为随着人力资源成本和工作效率的提高，未来十年，厨房里的厨师数量会减少30%~40%。用餐具增加菜品装饰的美观程度，减少厨师的手工对菜式进行美化，将会成为一种趋势。

一道菜放进一个特定的餐具里，就已经很大气，很有品位，可以减少厨师通过繁复的雕刻、摆盘进行美化的时间和工作。

其实,不管是西餐厨师还是中餐厨师,对餐具都很重视。而菜品与餐具的结合,也不是现在才开始追求的。美食美器在我国古代就已经很讲究了,只不过在相当长一段时间里,我们忽视了这样的传统。不仅仅是狮子头,周晓燕也在为更多的淮扬菜品考虑、挑选、设计、定制餐具。

为什么特别强调餐具的作用?周晓燕分析,完成美食有三个部分的模块——选择食材、烹饪和呈现。与国际其他餐饮比,中餐在选择食材和呈现两头比较弱,中间烹饪这一部分比较强。

叁。狮子头的盛器 中国菜的呈现

第一个模块，选择食材。西餐对食材来自哪个产区，产自哪一年，选用什么部位，经过什么工艺加工，都有比较严格的规定或标准。而中餐食材选择的标准还是比较宽泛的。

近年来，就食材而言，淮扬菜比其他菜系面临着更大的挑战。一是传统食材减少。淮扬菜的食材多为河鲜，随着经济的发展和环境的改变，一些传统河鲜在减少。比如长江三鲜中的长江鲥鱼，已经多年没有进入人们的视野了；长江三鲜中的长江刀鱼，被列入保护资源，数量也在减少。而这些原料都是淮扬菜经典菜式的重要食材。二是原料本味的缺失。由于商业化生产的节奏加快，一些原料的生长期不足，导致原料的香气、风味不足，需要在调味上加以补充。然而，淮扬菜的特点就是清淡，突出本味，额外增加调味品会影响地道淮扬菜的风味。如何在不失本味的同时，巧妙地弥补原料天然本味的不足，这成为淮扬菜发展的瓶颈。

第二个模块，烹饪技术，这是中餐的强项。无论是刀工还是火候的把握、调味的控制，或者风味多变，国际上任何一类其他餐饮技术，都无法与中餐比拟。

第三个模块，呈现，这也是中餐的短板。对待同样一块鸡肉、同样一块牛肉，西餐包装的精美，呈现的巧妙，是优于中餐的。尤其是海外的中餐，呈现上更显得比较简陋，与西餐有明显的差距。

叁。狮子头的盛器　中国菜的呈现

狮子头的传说
将军的印章

为了更好地呈现中餐菜品，周晓燕希望能给这些菜品寻找一些中国故事，这样菜品与餐具的结合会更紧密、更协调。

为扬州狮子头设计餐具的想法，起源于2017年。当时的创意是做成狮子盘绣球的造型。下面三足是三只小狮子，顶着一个圆形的绣球。绣球镂空，分成两半，中间打开，盛放狮子头。周晓燕邀请了江西景德镇等地的瓷艺师到扬州来品尝狮子头，寻找灵感。但是烧制这个造型的瓷器难度比较大，最初的想法也就没有实现。

周晓燕又想从狮子头菜品的典故中寻找灵感。

据说,当年隋炀帝杨广游扬州时,对扬州万松山、金钱墩、象牙林、葵花岗四大名景十分留恋。他回到行宫后,吩咐御厨以上述四景为题,制作四道菜肴。御厨们在扬州名厨指点下,费尽心思做成了松鼠鳜鱼、金钱虾饼、象牙鸡条和葵花斩肉四道菜。其中,葵花斩肉就是扬州狮子头的雏形。

到了唐代,官宦权贵们更加讲究饮食。有一次,郇国公韦陟宴客,府中的厨师做了扬州的这四道名菜。

当葵花斩肉这道菜端上来时,只见巨大的肉团子做成的葵花芯精美绝伦,有如雄狮之头。宾客们祝酒进言道:"郇国公半生戎马,战功彪炳,应佩狮子帅印。"韦陟高兴地举起酒杯一饮而尽,说:"为纪念今日盛会,'葵花斩肉'不如改名'狮子头'。"一呼百应,从此,郇国公以狮子帅印威名远播,扬州也添了"狮子头"这道名菜。

叁。狮子头的盛器 中国菜的呈现

影响中国菜的那些人 周晓燕

正是从郇国公狮子帅印的典故中获得了灵感,周晓燕将扬州狮子头的盛器设计成狮子帅印的形状。用紫砂烧制方正的印章形状,比制作陶瓷"绣球"降低了难度;印纽部分的狮子造型,与菜品外观相呼应;用狮子头名字起源的中国故事来包装菜品,更有中国韵味,也有助于菜品知名度的提升。

在狮子帅印盛器的四壁,周晓燕用绘画作品,如兰花、螃蟹等做装饰点缀,既呼应菜品的内容元素,使其具有中国风,又拥有个人的标志性特征。

从淮扬名菜扬州狮子头的餐具设计入手,周晓燕也在考虑为更多淮扬菜代表性菜品设计餐具。在其带动下,未来将会出现更多具有扬州传统技艺素材的餐具,比如扬州漆器、竹器、藤编等。这将为精致淮扬菜的呈现助力。

每位厨师都要有一份美学特长

在现阶段，中餐呈现水平的提升可能依然要依靠对西餐的学习与借鉴，这是一个必然要经历的阶段，可能需要十年的时间。周晓燕一直希望缩短这个时间。

那时候，中餐将不再依赖西餐的套路来包装，而是用中国的元素、中国的故事、中国的文化来呈现。如果总是跟在别人身后，用别人的方法呈现中餐，怎么会有自己的特色？又怎么会超越西餐呢？

现在，我们中国厨师还是要借鉴西餐摆盘、呈现的方法和元素，这是因为中国厨师的文化和审美素养还是不够，还需要从学习别人起步。

正因为如此,周晓燕要求自己的徒弟都各自培养一项和美学相关的兴趣爱好,或者是摄影,或者是绘画,或者是书法,或者是收藏鉴赏。只有提高厨师的中国美学修养,才能加深他们对中国传统文化的理解。

学习美学知识三五年后,再去研究中餐、包装中餐,才能使中餐有中国的元素、中国的味道、中国的文化,厨师才能将中国的故事在中餐中运用自如。也只有这样,中餐在世界餐饮中才能有其独到之处和竞争力。

扬州狮子头的餐具定制,或许正是采用中国美学知识来包装、呈现淮扬菜的典型案例。

肆。

淮扬味道该如何传承

周晓燕说,
淮扬菜传承的重点不是菜品,
而是技艺和文化:
而要传承技艺和文化,
少不了科学,更离不开人。

非遗传承人
淮扬菜的精髓

作为淮扬菜非物质文化遗产传承人，周晓燕认为，淮扬菜的精髓是刀工，是技艺，是清鲜雅致的风格，也是始于春秋、兴于隋唐、盛于明清的文化。

淮扬菜发源于以淮安、扬州为中心的淮扬地区。作为一大菜系，则辐射和影响到江、浙、沪等更广阔的地域。淮扬菜多以江河湖产的水生动物和水生植物为主要食材，制作精细，追求本味，清新平和。淮扬菜十分讲究刀工，烹饪上擅长炖、焖、蒸、煮，口味清新而略带甜味，著名菜肴有清炖蟹粉狮子头、大煮干丝、三套鸭、软兜长鱼、水晶肴肉、松鼠鳜鱼等。

淮扬菜始于春秋。据说,在扬州古邗国时代,就有了青铜鼎、鬲,还有尊、卣、钟。鼎、鬲盛食物,卣、尊盛酒,钟可奏乐。古扬州人就有了宴食场景的初始状态。

西汉淮安辞赋家枚乘所著的《七发》中,"饮食"与"游宴"占其二。文章中所描述的豪宴就有了煎、熬、炙、烩等烹调技法和五味调和的调味原则,它还记录了第一份淮扬食单。

到魏晋南北朝时期,关于白鱼菜、鳝鱼菜的记述多了起来,对酿炙白鱼、莼羹白鱼等菜品均有记录。

隋唐是淮扬菜的兴盛期。隋炀帝在扬州设离宫,将长安、洛阳的美食带入扬州。州县地方官吏争相设宴献珍,使菜式更加丰富。而唐代经济的发展,更是刺激了整个饮食业的繁荣。

肆。 淮扬味道该如何传承

宋代欧阳修等文人在扬州任官,开创了给淮扬菜系注入文学味道的先河。明太祖钟爱淮扬菜,命扬厨专司内膳,使淮扬菜踏入官府菜的行列。

文人的影响是清代中叶淮扬菜走上巅峰的催化剂。清人咏淮扬菜的诗篇至少有200篇,使淮扬菜格调更加高雅,大大提升了其文化品位。盐商的富庶、乾隆的巡行、家厨的兴盛,使淮扬菜菜品精细化,技艺精湛化。

淮扬菜是中国传统四大菜系之一。如果说川菜像一位热情爽朗的侠客,粤菜像一位华贵的公子,鲁菜像一位浓眉大眼的健汉,那淮扬菜就像一位清丽秀雅的佳人。

淮扬菜讲究含蓄之美,与川菜的泼辣相比,多了些温柔;与鲁菜的爆炒酱烧相比,多了些素净。中国的高端餐饮越来越强调文化与格调,这与淮扬菜的内涵不谋而合。

淮扬菜工序复杂,工艺精致,哪怕用一块简单的豆腐都能做出各种令人眼花缭乱的精细菜品。人们越来越追求健康,淮扬菜恰巧清新淡雅,讲究时令,这也符合现代饮食的趋势。

但过于精细,做工耗时,口味偏清淡,使淮扬菜的传播和推广有了一定的局限性。在快节奏、速食化的时代中,淮扬菜不那么容易传承和被大众所接受。过于精细化、过于讲究的淮扬菜,势必需要更多手艺精湛的厨师。对于淮扬菜来说,要进行一定的改良和创新,传承的重点不是菜品,而是技艺。借助现代科技复刻技艺,是传承、保护淮扬菜的途径之一。

周晓燕认为,传统技艺的保存、继承,离不开现代科技的助力,参与研发机器人炒菜,就来源于传承、保护淮扬菜技艺的初衷。

机器人炒菜

广东的一位美食家请一家大学的工学院制造了可以做菜的仿真机器人,邀请周晓燕等专家去鉴定,这是周晓燕第一次接触炒菜机器人。鉴定的结果令人失望。这个初级的炒菜机器人既不是家庭用的,也不是餐厅专业后厨用的。研发的人完全不懂烹饪,导致这一尝试失败。比如这个机器人煎蛋翻锅时,蛋经常翻转不起来,或者蛋掉到锅外面去了;再比如菜料已经转到旁边去了,机器人还在铲,该下调料了,机器人也不知道,等等,完全没有厨师动作的连贯性。

后来,上海交通大学、华中科技大学、扬州大学的二十几位教授组成了新的研发团队,做的第一件事就是到扬州学习烹饪原理和流程。他们在扬州大学学习了一个月的烹饪,了解了什么时候下材料,什么时候颠锅,什么时候下调料,什么时候勾芡……

所有的动作流程了解了,也亲自动手去做了,有感觉了,专家们才开始整体设计。最终设计出的炒菜机器人解决了两大块问题。上海交通大学主要完成了机器人手和锅的翻转设计,扬州大学则对搅拌的动作提出了意见。最初机器手的设计使用了三个关节,一是成本较高,二是炒出的菜成色不理想。扬州大学对搅拌部分的设计,则简化了机器人手的功能。周晓燕提出,用"毛刷"代替勺、铲,食材得以搅拌均匀,效果非常好。手臂只采用一个关节,用搅拌器的速度、硬度来优化效果。

　　研发团队邀请了四大菜系的顶级大师,即川菜的史正良、鲁菜的高炳义、淮扬菜的周晓燕、粤菜的林镇良,各自烹制了十几道代表菜,监测大师的动作、速度、时长、力度等,将记录的数据全部输入到电脑中。起初,机器人模仿大师并不成功,在动作的衔接上、细节上总有差别,菜品也就不尽如人意。经过几十次的人机对比和修正,机器人做菜的效果越来越接近大师。

目前，这些炒菜机器人还没能推广，因为控制火候、制熟的过程基本实现了自动化，而调味、取料的过程还没有完全实现自动化。也就是说如果把酱油、盐、糖等调好，放在调料盒中，给机器人放进去，它是可以操作的，但如果把一桶酱油、一桶油等调味料摆在那里，让它自动计量、取料、依次放入，这个功能还实现不了。另外，自动预处理食材的功能也还没有实现，还需要设计另外的机器人帮它清洗、切好才可以。

新一代全自动烹调机器人，周晓燕的团队仍然在研制中。这是一项没有经验积累的项目。中餐的调味非常复杂，三十几种调料，什么配比，哪些先放，哪些后放，机器人如何炒制，是很有挑战性的研究课题。

在很多人认为机器人炒菜是异想天开的时候，周晓燕却十分坚定地支持这项科学研究。周晓燕认为，传统食品产业化、工业化，是全世界面临的课题和必然选择。

从2016年开始，中国把传统食品工业化列为国家的重大项目。从防止资源浪费、环境保护、控制人力资源成本等方面考虑，传统食品工业化是发展趋势。但是在追求产业化、工业化的过程中，不能把传统的手工技艺丢掉。

比如在德国，香肠的制作已经实现了工业化，但是在传统店铺中依然可以买到手工制作的香肠。传承了几百年、祖孙相传了几辈的作坊里，有人在坚持着手工制作。

而在我国，很多百年老店有百年的招牌、百年的产品，但是传承的人却越来越少。

好的产业化是对传承人与技艺的保护，而不是让其流失。比如，大师将自己的调味秘方以产业化的方式生产成以大师名字冠名的调味品，就是对大师调味技艺的保护。以前，一位技艺精湛的名厨在一家餐厅里只能服务于几百名顾客，而通过工业化、产品化的生产，这位名厨的作品可以让成千上万的食客品尝到。这样的产业化，是对技艺的保护。当然，如何在产业化中不让产品变味，不让技艺走形，是应该关注的问题。

师父眼中的徒弟

周晓燕说，淮扬菜传承的重点不是菜品，而是技艺和文化，而要传承技艺和文化，少不了科学，更离不开人。

2006年，从来没有拜师学艺的周晓燕，作为扬州大学食品学院执行院长、教授，按照中国传统厨行的方式，收了十八名徒弟，之后又陆续收了十余位徒弟，他们成为淮扬菜新一代的明星厨师。

既然是高校教授，有很多学生，为什么又面向社会收徒？周晓燕表示，这是一种尝试。从学院教育体系中抽离出来，回到中国式的师徒关系。这是一种更亲密、更便利的方式，适合一对一的教学，有利于厨师个人才能的提升和事业的发展。中国目前的学校教育培养了大批应用型和研究型烹饪人才，但如何培养大师，是摆在烹饪教育者面前的一个课题。周晓燕希望借助自己的资源和平台，让好苗子更好地成长为参天大树。

侯新庆
中餐的味道是传承的核心

侯新庆

香格里拉集团江苏区域中餐行政总厨
香格里拉大酒店淮扬美食课堂导师
中国青年名厨导师
中央电视台《厨王争霸》节目冠军厨师
中国烹饪大师
全国五十佳厨师
代表酒店及国家负责过数十位国家元首的膳食安排

　　1989年，十七岁的侯新庆来到扬州肉联厂食堂做学徒，在扬州大学学习烹饪，一边打工，一边求学。半工半读时，周晓燕成为侯新庆的讲师。

　　从扬州大学出来后，侯新庆辗转待了好几个小饭店。那些年在小饭店的积累对他很重要，小饭店的厨房小，打荷、切配、掌勺、炉案碟点，什么活都要干，什么都要会，因而得到了多工种、全方位的技能锻炼。

　　无论在学校求学还是在小饭店打工，侯新庆都十分刻苦好学。

　　对这个刻苦练功、勤于钻研的学生，无论他是在扬州的小饭店辗转还是到周边城市甚或是2003年到上海的会所餐厅工作，周晓燕一直都关心。侯新庆也常常向老师请教问题，一直希望拜周晓燕为师父。2005年，侯新庆进入中山香格里拉酒店江南趣餐厅工作。2006年，在中山听说周晓燕要收徒弟，侯新庆赶回扬州，如愿以偿拜师成功。

　　徒弟们经常说，在基本功扎实、热爱钻研技术上，侯新庆最像师父。师父周晓燕也从喜欢研发和创新的徒弟身上，看到了自己年轻时的身影。2014年，侯新庆任职南京香格里拉中餐行政主厨并掌管江南灶餐厅，师徒对创新菜品的研讨变得更为密切。侯新庆在师父的影响下，连续研发推出了鱼头佛跳墙、皮包水水包皮黑松露汤包、手打慈城年糕黄鱼等创新招牌菜，这些菜品大受食客欢迎。鱼头佛跳墙用鱼头、鲍鱼、海参，代替鱼翅、裙边、鱼肚等传统佛跳墙的珍贵稀有食材，也具有了类似佛跳墙的鲜美浓厚味道。皮包水水包皮是以扬州人早上皮包水、晚上水包皮的休闲文化生活为主题，做成了汤包外有汤水，汤包内有蟹黄汤汁的创新菜，并加入了黑松露提香，成为一道文化标签鲜明的菜品。年糕黄鱼的做法也是在经典淮扬菜基础上的改良，黏糯的手打年糕吸收了小火慢炖后的黄鱼汤汁，比黄鱼还要鲜香入味。

　　周晓燕强调，味道是中餐传承的核心，无论你怎么去呈现、表达和创新,都是为了让菜品的味道更完美。因为中餐的核心和灵魂,就是味道。特别是现在,食材和原来不一样,都是种植的、养殖的,本身的味道淡薄了,传承时肯定要做一些改变。周晓燕不主张做老菜复原,古代的名菜记载都很简单,绝大部分都没有很详细的操作步骤。"我们只能模仿它的创意和理念,但是真正的味道和呈现表达一定要考量现代的标准,不能一味按照原来菜谱上写的来,那样做出来的东西未必能够符合现代人的审美和需求。"

侯新庆十分认同师父的这些观点,他认为创新不是搞花里胡哨的东西,或者添加什么,今天加个话梅,明天加个番茄酱。真正的美食是要保留食材原始的味道,在食材改变、风味改变的今天,让人吃出记忆中的美味。

2018年8月22日,香格里拉集团淮扬美食课堂暨侯新庆大师工作室在南京香格里拉大酒店成立。周晓燕亲临现场见证和祝贺,他说:"衷心祝福我的爱徒侯新庆主导的淮扬美食课堂及工作室建成,希望它成为培养淮扬美食人才的摇篮,更好地传播淮扬美食的文化。"

陈万庆

要传承的是理念和技艺而不是菜品

陈万庆

高级烹饪技师

扬州瘦西湖旅游度假投资管理集团董事长、总经理

江苏扬城一味餐饮管理有限公司董事长、总经理

江苏省劳动模范

中国淮扬菜烹饪大师

国家级评委

全国五星总厨联盟主席

肆。淮扬味道该如何传承

虽然陈万庆2006年才正式拜周晓燕为师,但在五六年前,陈万庆就已得到周晓燕的很多帮助和指导。

1993年,十六岁的陈万庆进入学校学习烹饪,同时在扬州西园饭店实习。1995年毕业后,他成为扬州迎宾馆的第一批员工。由于接触餐厅实践早,勤奋钻研,功底扎实,敏而好学,工作四年后,二十二岁的陈万庆就成为扬州迎宾馆的行政总厨。成为主厨后,陈万庆与扬州餐饮界的烹饪大师们交流学习的机会增加,这时结识了周晓燕大师。在1999年到2005年的几年间,周晓燕为了培养陈万庆,鼓励他对淮扬菜进行研究、传承,推荐他担任江苏省多个烹饪技术比赛的评委,参加对江苏各地方菜的评判工作。这期间与周晓燕和各位大师一起评菜,对陈万庆的阅历、经验、技能的增长帮助很大。

2005年,陈万庆作为选手参加武汉举办的首届中餐创新烹饪大赛,获得了特金奖,他同时也是江苏省参赛选手中的第一名,这些成绩增加了他在江苏厨师界的知名度和影响力。周晓燕对陈万庆参赛作品的指导意见,不仅对这次获奖至关重要,也对他未来菜品的设计影响深远。

参赛前,陈万庆将参赛作品拿给周晓燕,请他提意见。对这些菜品,周晓燕给予了肯定,但对装盘,周晓燕却给予了否定。原来,当时的美食界正流行菜品的复杂码盘。陈万庆也采用了这样的装盘风格——在很大的盘子中雕龙画凤,但都和菜品没有什么关系。经常关注国际烹饪趋势的周晓燕提出,今后中餐的装盘会从简而不是从繁,过多不必要的装饰和雕琢是会被淘汰的。

适当的装饰与点缀,要可食用,并且要与表现的菜品主题有关系;装盘的点缀要从营养搭配均衡、色彩融合恰当去考虑;盘中的色彩要协调,并不是越多越好;装饰要为表达菜品服务,和菜品不应该是剥离开的,更不是越复杂越好……在十几年前,有这种认知的大师并不多。这些与西餐国际赛事的评判标准相一致的理念,让陈万庆耳目一新,也让他印象深刻。从此,这些理念一直贯穿在陈万庆的作品中。直到

今天，扬城一味餐饮管理有限公司旗下的餐厅，菜品的装盘风格大多很简约。从七吃八吧餐厅到趣园餐厅再到扬州宴餐厅，菜品装盘都不繁复，颜色协调秀雅，甚至连围边都很少用。

2005 年，陈万庆带着简单装盘的两个热菜去参加行业比赛，一个是鹅肝扒豆腐，一个是水晶虾卷。当时很多的参赛作品都用大盆子装菜，里面放着复杂的与菜品无关的装饰品。而那届中餐创新烹饪大赛提出的中餐创新的方向，恰恰是营养搭配均衡，色彩融合，装盘去繁从简。陈万庆的参赛作品正好符合这一方向。鹅肝扒豆腐，精致、清爽、简洁，被评委给予了当场比赛营养项目最高分，被评为最佳营养奖。水晶虾卷，用绿豆粉做成透明的粉皮，里面包裹着虾仁炒蟹粉做的馅心，上笼蒸熟后，浇上红花汁，下面点上明炉，也是十分简洁清爽的装盘路线。这使它在一片繁复的参赛作品中，脱颖而出。

周晓燕以前瞻性的判断让陈万庆知道，完全没有实用性的装盘不符合餐饮市场的需要，一味夸张、烦琐的装盘之路走不通。回归到原材料的本质，回归到烹饪的本质，回归到口味的本质，才是淮扬菜应该发力的核心。

2006 年，陈万庆成为周晓燕首批收的十八位徒弟之一。陈万庆认为，以师父引领的师兄弟组成的周家军有三个特点。一是品质精。周晓燕从 2006 年到 2018 年，十余年一共收了两批三十来个徒弟，人数不多，但每一位都是淮扬菜传承发展的中坚力量。二是研究深。周家军遵守"传承不守旧，创新不忘本"的理念，重视技术而不是菜品的传承。师父经常说："我们需要传承的是好的技术，而不是菜品。因为菜品会随着时代和社会的发展、食材的变化而改变，但技术是永恒的。"三是国际化。周家军非常重视将淮扬菜带到国际舞台上，加强国际化表达、国际化交流。陈万庆曾多次赴新加坡、沙特阿拉伯、法国、比利时、美国、德国等国家以及中国香港、中国台湾地区交流淮扬菜技艺。

2016 年，在周晓燕的倡导下，五星总厨俱乐部成立，陈万庆担任俱乐部主席。在陈万庆眼中，五星总厨俱乐部的成立以及师父积极推动的五星总厨每年的拓展训练和业务交流，为高端餐饮人才的视野扩展、技艺提升提供了很好的平台。

吴松德
在狮子头里学习创新,探索标准化

吴松德

扬州狮子楼大酒店总经理

淮扬菜宣传大使

扬州大学创业导师

江苏烹饪协会副会长

江苏餐饮行业优秀企业家、领军人物

长三角青年企业家创业导师

中国淮扬菜十佳名厨、中华金厨奖获得者

少年从厨的吴松德最早在南京的烹饪技校边学习边打工，后来为学好淮扬菜来到扬州的餐厅工作。2002年在扬州的餐饮企业边工作边参加扬州大学的函授班进行学习。在当时的晋泰酒楼从厨师一步步做到厨师长、总厨助理、总厨、餐饮总监、副总经理、董事总经理。2009年他开始自主创业，创建了淮扬菜餐厅——扬州狮子楼大酒店，目前他已拥有8家门店和1个小型生产加工中心。

在扬州大学学习时，吴松德结识周晓燕教授，工作后他也经常向教授请教。2006年拜师后，吴松德逐步从单纯地从事厨师工作转为当厨师的同时学习对餐厅进行经营管理。创业后，师父周晓燕对他的扬州狮子楼如何为淮扬菜的大众化餐饮、本土化复兴定位，给予了很多指导。超大号的红烧狮子头是扬州狮子楼的招牌菜。随着餐饮转型，狮子楼更深度开发了狮子头系列菜品，并打出了"到扬州吃狮子头，到扬州狮子楼"的广告语。

吴松德说，师父的教育方法是启发思考的教练式的，他不是灌输式地或者手把手地教你怎么做，而是让你自己提出想法，去尝试，中间出现问题，师父会带着你一起去找到解决方法。这样的教育方法，可以使烹饪者自主发现问题，启动主动思考的模式，再遇到相似的问题，可以很好地找到解决方案。这也是周晓燕所说的培养未来大师的思路。

2006年前后，吴松德在师父的鼓励下，参加了一些全国性的烹饪竞赛，既锻炼了技艺，又开阔了眼界。松茸狮子头是他在淮扬菜大赛中获得高分的参赛作品。当时松茸在淮扬菜里还很少应用。吴松德希望用松茸来提香提鲜，想到把松茸用在淮扬菜经典菜式——清炖狮子头里。但是既有的思维模式让他认为清炖狮子头就应该是白白的，无论汤色还是肉丸都应保持乳白的色泽。

周晓燕提示说，既然要做松茸狮子头，就要在视觉和味觉上体现出松茸带来的冲击，表现出与传统狮子头的不同。打破了旧有思维模式的吴松德意识到，要将松茸的引入在汤色中呈现出来。他在调汤时不仅加入了松茸汤，还少量地加入了酱和咸肉丁，使得成品汤色是亚黄色的。狮子头肉丸中也加入了松茸丁，口感更浓郁。这道松茸狮子头一开盖，就有不同于传统狮子头的特别浓郁的鲜香，获得了现场评委的称赞，拿到了热菜的第一名，也让吴松德理解了传承与创新之间的关系。如何将新的食材应用到传统的菜式中？如何让创新为传统菜式增色，却不使其失去传统的魅力？周晓燕在松茸狮子头研发上的指点，让吴松德豁然开朗。

这次受到的启发和探索出来的经验，被吴松德应用在另一道参赛作品鮰鱼狮子头的研发中。用江鱼的肉做狮子头有相当的难度。首先是鱼肉对火候把握的要求高，不能欠火，又不能过熟。其次是鮰鱼的肉略带土腥味，又不能用过多的料酒，如何去腥提鲜也存在难点。正是秉承着师门的"传承不守旧、创新不忘本"的原则，吴松德尝试打破完全用鱼肉做鱼狮子头的想法。他在鮰鱼肉中加入少量的肥膘丁和瘦肉丁，增加脆感、咬感和香度。用淡的青苹果果汁代替水搅拌肉馅，可以很好地去腥提鲜。做出来的鮰鱼狮子头颜色雪白、鲜嫩细致，咬上去有一定的脆度，闻起来有肉的香气。松茸狮子头和鮰鱼狮子头参赛取得的好成绩，也奠定了日后吴松德在狮子楼餐厅开发红烧大狮子头和推出狮子头系列主打菜品的基础。

主打淮扬本土菜大众餐饮市场的狮子楼发展稳定。吴松德正在筹建定位为制作扬州喜宴、寿宴的"囍狮楼"餐厅，对外输出淮扬文化精品美食的"淮食精选"餐厅及推出标准化淮扬小吃产品的"淮小食"。在如何将淮扬菜产品标准化、连锁化发展上，吴松德经常向师父请教。吴松德十分认同师父的观点，继承传统不排斥标准化，但不能为了标准化而标准化。他希望通过"淮小食"这个品牌把一些容易实现标准化的单品，比如红烧狮子头、盐水老鹅等，先行用标准化生产制作出来，通过连锁小型店铺，推向全国市场。

陶晓东
烹饪大师要学好美学和食品科学

陶晓东

曾任扬州迎宾馆行政总厨一职
江苏扬城一味餐饮管理有限公司副总经理
江苏省劳动模范
全国烹饪技能金奖获得者
国际烹饪艺术大师

肆。淮扬味道该如何传承

2000年，从江苏旅游学院（原商业技术学校）烹饪专业毕业的陶晓东被分配到扬州迎宾馆工作。2004年底，作为青年厨师代表，陶晓东被选送到北京参加全国满汉全席烹饪擂台赛，在比赛中与任全国评委的周晓燕教授相识。当年，陶晓东拿下了华东赛区的第一名，而周教授的才能学识也给他留下了深刻印象。

陶晓东说，在参加全国烹饪研讨会时，周教授的花色拼盘让人过目不忘。冷菜拼盘作品荷塘月色，把芦笋、火腿等十几种食物，巧妙拼成一幅生动的"荷塘月色"画面。其中用黄瓜拼起来的半立体荷叶，似乎还在荷塘中迎风摇摆，令人赞不绝口。

后来在满汉全席擂台赛上，陶晓东做了一道体现刀工的冷拼菜。这道荷塘清趣就是在周晓燕教授当年拿国际金奖的作品荷塘月色的基础上升级而来的。用黄瓜切摆成半立体的荷叶的创意，令陶晓东颇为惊叹。在上学的时候，陶晓东就很喜欢琢磨刀工，也尝试过用魔芋切摆成半立体的马蹄兰、荷花，然而却从没想到过用黄瓜可以让荷叶的造型站立起来。周晓燕教授的指导，让他明白了做刀工菜不仅要有精湛的刀工技巧，还要有对原材料质地、部位、收获季节的充分了解和精准把握，而且要有想象力并做好前期功课。冷拼作品的成品要做成什么样，下刀前就要画好草图、构思好。从哪里下刀，怎样做出这个造型都要心中有数，而且需要有绘画、雕塑、美学修养的培养。这些会使你的作品更为灵动。最终，荷塘清趣除了有立体的荷叶，旁边还配了用蛋白和蛋黄切片造型的半立体的两条小金鱼，以生动有趣的构图和充满想象力的精细刀工赢得了高分。

2005年，陶晓东被派往北京筹建会馆，时间为一年。在北京筹建会馆期间，陶晓东听闻周晓燕教授要收徒的消息，就积极争取拜师。周教授原打算收十二位徒弟，此时已经收满了。陶晓东找到当时任扬州迎宾馆行政总厨的陈万庆，请其为自己说情，争取加入师门。最终周教授同意将十二人的名额增加到十八人。

2006年，陶晓东如愿作为周晓燕的第一批徒弟参加了拜师仪式。2007年、2008年，陶晓东连续两年参加全国烹饪技能大赛，

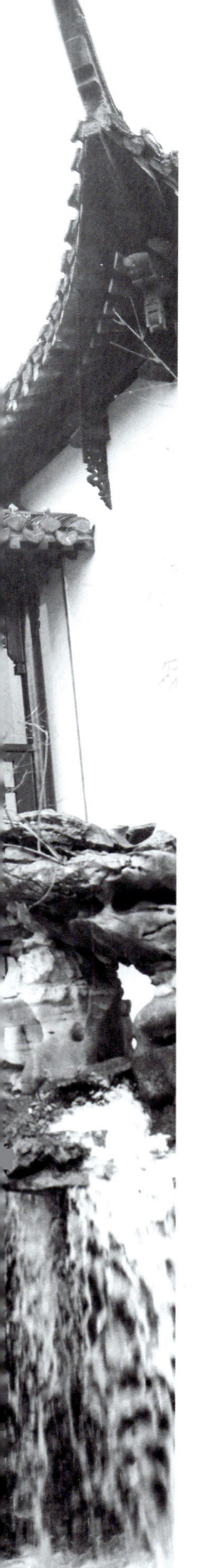

以灌蟹鱼方等热菜作品，获得了特金奖的成绩，其中师父周晓燕的指导，让陶晓东受益良多。

陶晓东介绍说，灌蟹鱼方及其后来衍生出的灌蟹鱼圆，是淮扬菜里的一类传统菜式，也称作"鱼屉菜"。与蟹黄汤包类似，"包子"馅心是蟹黄冻，而皮则是用鱼肉做成的。制作难度更大的是，"鱼屉菜"不是蒸熟的，而是在汤中"养熟"的。在汤中温煮灌蟹鱼圆时，鱼圆外皮形成细密的蛋白质凝胶结构，里面的蟹肉、蟹黄冻化成汤。鱼圆要浮到水面上来，但煮熟的过程中鱼圆不散不破。淮扬菜的灌蟹鱼圆和华南的鱼圆不同，后者的鱼圆讲究脆弹，而灌蟹鱼圆则讲究软弹。就像蟹黄汤包的"提笼摆菊"提起来像灯笼、摆在盘中像菊花的变化一样，在汤中看灌蟹鱼圆都是圆的，盛起来时灌蟹鱼圆则是扁的，这才是成功的灌蟹鱼圆的样子。这对制作、烹饪的精细程度有很高的要求。

陶晓东说，在这道菜的反复研究演练中，师父的指导让他从烹饪原理、食物加工工艺及成分结构变化的视角和深度去认识做菜。这是以往没有深入接触到的领域。鱼圆的形成，就是蛋白质、盐、水在一定温度下形成蛋白质凝胶的过程。选择什么样的鱼，选鱼哪个部分的肉做鱼蓉更细腻；加多少盐、多少水、什么温度的水，用什么手法拌鱼蓉，才能形成蛋白质紧密结合的结构；在什么温度下开始加热鱼丸汤，加热多长时间，在固定的温度"养熟"多长时间鱼肉蛋白可以变性凝结，蟹黄冻化成汤而鱼圆皮不会裂开……有了烹饪原理的支撑和指导，在烹饪实践中才能思路更清晰，少走弯路，并且可以复制成功。在灌蟹鱼圆的制作中，对蛋白质与水的成分比例、加热温度与时间的关系的对照试验，让陶晓东知道了什么样的工艺参数下，菜品的口感会更好，色彩更亮，风味更佳，也让他更加重视烹饪理论的学习。

之后，陶晓东在学习烹饪工艺学课程时系统地向师父求教。陶晓东回忆说，对烹饪中遇到的问题，师父总是能追根溯源，从科学的角度阐述烹饪原理。在讲烹饪原理时，师父从物理学的角度介绍了不同传热介质对食材的影响，不仅为陶晓东解除了困惑，更让他学习到了一种严谨科学的理念。2016年，陶晓东被聘为扬州大学旅游烹饪学院客座讲师。

洛扬
打开淮扬菜的消费场景和全球视野

洛扬

北京淮扬府、游园京梦、竹外桃花总经理

从 2016 年开始，淮扬府（北京安定门店）连续三年登上法国 LA LISTE（一个餐厅评选机构）全球 1000 家最杰出餐厅榜单，并于 2018 年度上升至全球排名并列第六、中国排名第一

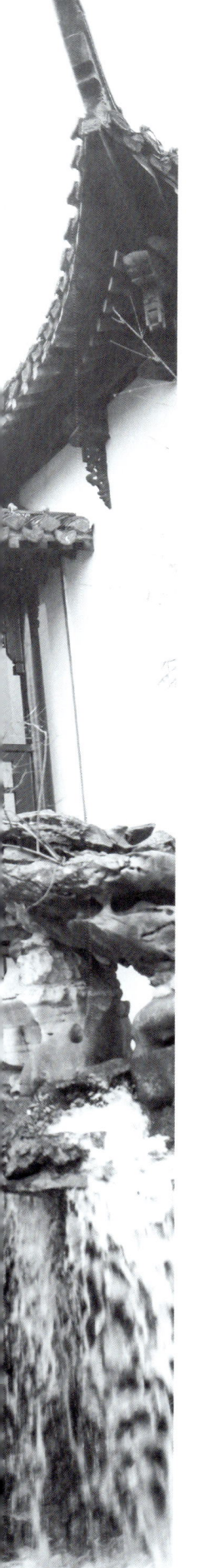

　　1997年，在扬州学习餐饮外事服务的洛扬进入扬州迎宾馆从事餐饮服务工作。同年，前往北京任美京酒家的前厅部主管。美京酒家管理团队的总经理来自香港利苑，其后接任的是一位来自新加坡同乐集团的高管，他们对菜品的专业度要求都非常高。美京酒家和一般的内地餐厅不同，开菜单的不是后厨的厨师长，而是前厅经理。经理根据宴会安排、订单情况、顾客需求来确定菜单，确定厨师长做什么菜以及采买什么食材。这样的餐厅运营模式，要求经理非常懂菜，但保证了餐厅运营的用户思维。因为经理更善于从前厅的市场角度去把握出品的方向。

　　与这样高水准的管理团队和出品团队共事，一面学经营管理和服务，一面学习掌握菜品特点和出品品质控制，洛扬成长得很快。四年后，洛扬成为美京品牌最年轻的店总经理。2003年，洛扬应邀加入淮扬菜的在京品牌——北京福泰宫，担任总经理。2010年，洛扬正式执掌与福泰宫同属一个集团的淮扬府，出任北京淮扬府餐厅总经理。

　　作为淮扬菜率先在北京设立的餐厅的餐饮经理人，洛扬比以往更频繁地回扬州，一是为淮扬府寻觅地道的食材，二是为走出淮扬的淮扬菜找寻根源和发展之路。在与扬州餐饮界经理人的交流中，洛扬与周晓燕教授结识并逐渐熟悉。

　　洛扬说，在淮扬府他保持了在美京时候的职业习惯——由经理来把握出品的基调，把握菜品研发的定位和方向。在北京发展淮扬菜，在如何把握创新的度上，他有时会有困惑。而每一次和周晓燕教授的交流都能让他获益匪浅。教授对淮扬菜有全局的理解，走的国家多，了解的问题深入，视野广阔，对淮扬菜的发展脉络梳理得清晰，因此对淮扬菜如何走出去、如何发展的见解，总能给洛扬以启发。

　　2013年，当周晓燕教授第二次收徒时，洛扬就积极加入了师门。

　　周晓燕教授很关心走出扬州的淮扬菜能不能发展好，也很希望以北京淮扬府为代表的精品淮扬菜能走得更远，更好地传播淮扬菜文化。在师父的影响下，洛扬带领团队更专注于淮扬菜消费场景的打造和产品的打磨。他也跟着师父参加了更多的国内外的交流，寻找在全球餐饮趋势中淮扬菜的角色与定位。

肆

2015年，洛扬随师父周晓燕参加马德里美食峰会。这是欧洲上千名最好的餐厅主厨和业主的盛会。最优秀的明星餐厅主厨带来对饮食风尚理解的演讲，并现场演示菜品来说明自己的理念。周晓燕在现场演讲时，讲的是中国淮扬菜和刀工。演讲的前一天，洛扬跟着师父到亚洲超市挑选豆腐，看他在酒店的房间里把毛巾垫在豆腐下面，做最后的尝试与练习。上演讲台前，对接人将要做菊花鱼的食材放在料理箱中时，发现冰鲜的鱼质地非常松散，拍上粉后几乎不能成形。然而师父也不紧张，还是从整条鱼上切出了够上台演示的分量的鱼肉。师父的演讲非常清晰、自信，演示非常成功，让洛扬对如何发展好淮扬菜，如何在全球餐饮的发展风尚中找到淮扬菜的坐标，找到了一份自信和憧憬。

洛扬在与师父的交流中意识到，走出扬州的淮扬菜更要注意消费场景的营造。"把扬州风景室内化、外景内景化，用现在的话讲，就是场景建设。当你身临其境，感觉身处江南园林之中，再吃淮扬菜，感觉就对了很多。" 2017年，淮扬府副牌——游园京梦、竹外桃花创立，并于2018年第一次跨地域到西安开店。在子品牌的餐厅设计上，虽然没有北京淮扬府"盐商府邸"的建筑院落格局，但都强化了用竹枝、山石、透窗、亭子、昆曲的水袖元素等室内造景来模拟江南园林的场景。

在菜品研发上，他注重在传统菜品基础上的创新，注重宴会主题和国际化表达。比如开餐放冰球醉蟹，利用液氮制作出有仪式感的开场菜品，为宴席开场。冷头盘不属于淮扬菜体系，但菜品是传统的，比如糟香三拼、灯影牛肉等，帮助客人尽快融入到晚宴角色中。宴席进行到中场，一盘大白鱼端上来，视觉冲击感强，带来一个高潮。稍有前卫感的甜品——鲜果分子醪糟汤圆，让晚宴值得回味。这些设计，都为走出来的淮扬菜如何满足高端商务宴请的需要，如何符合年轻客户的期许，如何延续淮扬菜文人菜的特色，给出了实践中的答案。

辩证的平衡
大师的襟怀

采访周晓燕,发现他身上有很多不同的努力方向,看似矛盾,实则是在不同维度上的合理。

比如中国化与国际化。

在他担任 LA LISTE 全球最杰出 1000 家餐厅榜评委的两年中,常常为中餐应该坚持传统的"中国化"还是追求"国际化"而犹豫和迟疑。

法国美食评论家、LA LISTE 榜单的联合创始委员曾发邮件说:"国外一些食客对中餐的认识还停留在小城市的小面馆的印象里,他们甚至问我为什么他们尝试的那些'倒胃口'的餐厅都写着中国菜?!我告诉他们那并不是真正的中餐!"这就是去"中国化"的海外中餐常给人的印象。而另一方面,在国内,完全固守传统的中餐厅正在丢失新一代消费者的市场。年轻人不仅要求菜肴美味,还希望它有颜值、有趣、有情境,可以晒美图和成为生活方式的一部分,因此呈现感十足的西餐和日餐获得了新生代消费者的青睐。

周晓燕的国内中餐加强"国际化"、海外中餐回归"中国化"的归纳,令人有拨云见日的感觉。不同的方向,其实并非对立,而是不同坐标系下的权衡。

看似对立的方面还有不少。比如，周晓燕精研淮扬菜刀法，传统而古典，却又坚持研发机器人炒菜，现代而新潮。

身为高校教育管理者，周晓燕希望厨师提高教育层次，另一方面，他又尝试在象牙塔外师徒相承。

这些看似矛盾的做法，都是为了完成对淮扬菜、对中餐的提升过程。传统技艺的保存、继承，离不开现代科技助力。餐饮业人才培养，需要立体的模式支撑。

从周晓燕身上，可以看到一种辩证的平衡与融合，这也是一代宗师开明的态度与包容的襟怀。

对待教育，对待科研，对待产业发展，对待淮扬菜，或许正需要多一些这样的开明的态度，这样的辩证的思维方法，这样的兼收并蓄的襟怀。

伍。周晓燕的代表菜

清人徐珂在其《清稗类钞·饮食类》中记载："淮安多名庖，治鳝尤有名……且能以全席之肴，皆以鳝为之，多者可至数十品。盘也，碗也，碟也，所盛皆鳝也。而味各不同，谓之全鳝席。"

鱼汤煮干丝

"扬州好,茶社客堪邀。加料干丝堆细缕,熟铜烟袋卧长苗,烧酒水晶肴。"清代的《望江南》词,形象生动地描绘了当时的扬州居民品尝"加料干丝"的情景。

煮干丝、烫干丝,是淮扬菜菜牌上的招牌菜品,由于其既营养味美又清淡适口,故深受人们喜爱。一碗煮干丝配壶老酒,或是一碟烫干丝配一盏清茶,至今仍是扬州常见的风俗画面。

煮干丝、烫干丝也是淮扬菜师傅的看家菜。因为它取料容易,所以考验的是厨师的刀工。煮干丝对刀工的要求极高,"鸾刀应俎,霍霍霏霏"。一块白豆腐干,厨师要将其片成十八片,每一片都要平整透亮。切好的干丝不仅要整齐、均匀,而且其粗细不能超过火柴杆。

传统的大煮干丝主要是让鸡汤、火腿和虾仁的鲜味物质渗入到极细的豆腐干丝中来提味。而这道鱼汤煮干丝是用鱼汤来煨煮干丝,味道更为鲜爽。

伍。周晓燕的代表菜

原料

扬州方干	…………	1 块
鳜鱼	…………	150 克
鸡胸肉	…………	40 克
火腿	…………	3 克
绿色蔬菜	…………	少许

调料

盐	…………	2 克
调和油	…………	5 克
黄酒	…………	2 克
葱段	…………	5 克
姜片	…………	5 克
水淀粉	…………	适量

第一步 片方干

方干，在扬州也叫作香干，要挑形状方正整齐、有弹性、颜色洁白微黄的。质量好的方干断面平整。

将香干切成薄片，术语叫"片"。片香干之前，要把香干的四边切齐整。片方干前，可以先将刀沾点水，防止片出的方干薄片粘在刀面上而被弄破。

片的时候，右手执刀，将刀横放，刀面朝上，左手按住方干，右手将刀随着与砧板平行的角度切入香干，一刀到底，片出一片来。

片方干的时候刀面要平，每一刀要一气呵成，不能拖泥带水，否则片出的方干片就容易厚薄不均。每一片方干片均应薄可透亮。

第二步
切干丝

将片好的方干片错开一条干丝的宽度叠放，左手顶着方干片的边缘，右手均匀切丝。

切好的干丝放清水中漂洗干净。

第三步
切鱼丝等

鳜鱼取中段,从中间片开。去除鱼骨。刀顺着鱼皮浐动,取出鱼肉。

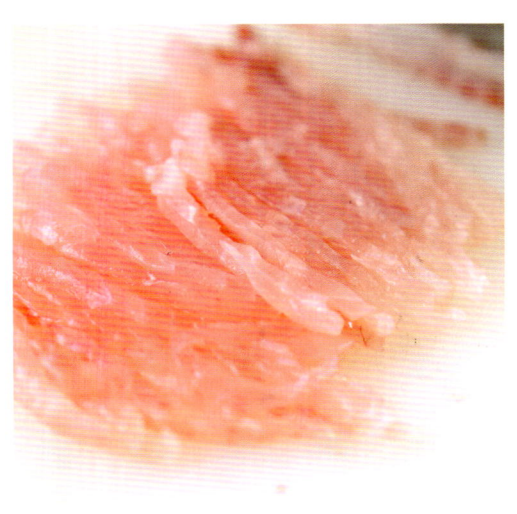

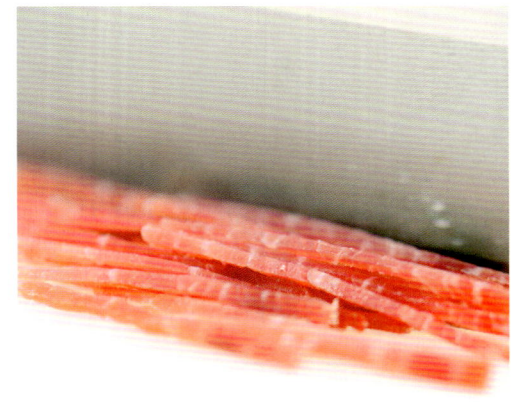

鱼肉横着片成鱼片，再均匀切成鱼丝。切好的鱼丝用少许盐和水淀粉上浆。

火腿切片，再切成丝，粗细与干丝相似。

鸡胸肉拆成细丝。

将火腿丝、鸡丝焯熟，捞出待用。

第四步 熬鱼汤

先用热油煎香葱段、姜片，再将之前片下的鱼头、鱼骨和鱼皮用油煎香。

加水，熬成鱼汤。

用漏勺捞出鱼头、鱼骨、鱼皮等。

第五步 煮干丝

　　干丝放入鱼汤中煮制，放入已焯熟的火腿丝、鸡丝，再加入鱼丝煮熟，加剩余盐、黄酒调味。最后放入少量绿色蔬菜，即可关火。

第六步 装盘

装盘时,将二丝、火腿丝、鱼丝、鸡丝捞出,沥去汤汁,放在一个小碗里使其成形。然后将小碗倒扣在一个浅汤盘里,撤去小碗,再淋上鱼汤,至盘底汤汁有一指多深即可。最上层可多叠一些鱼丝、火腿丝作点缀。

影响中国菜的那些人　周晓燕

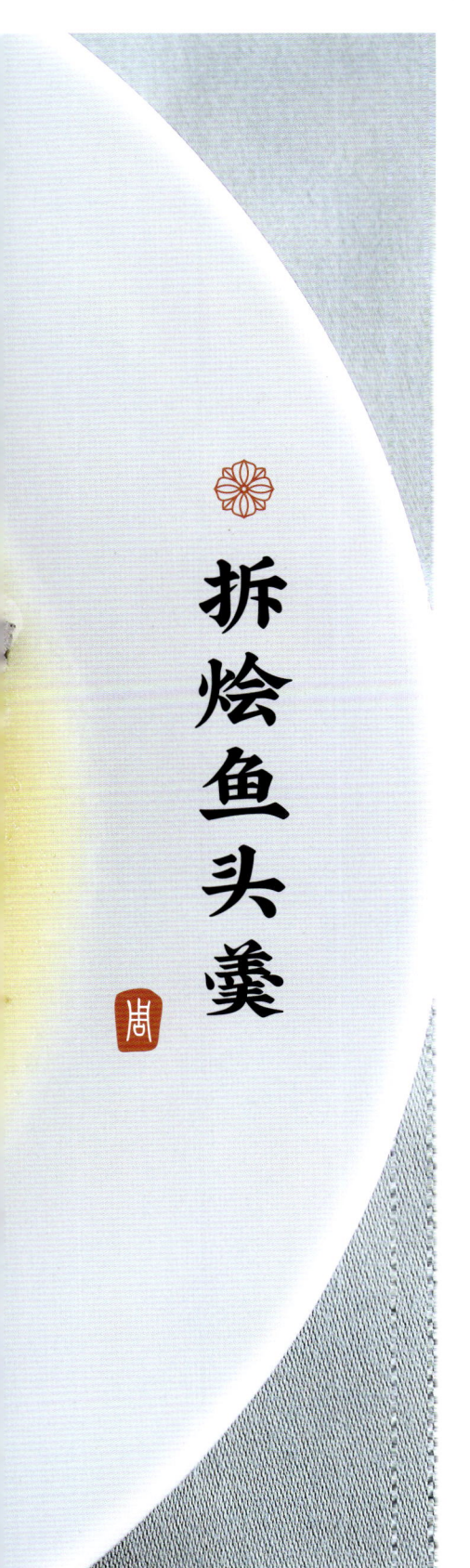

拆烩鱼头羹是淮扬经典名菜，鱼肉肥嫩，汤汁浓稠，口感爽滑，且不失鱼头的本味。这道菜的来历有一个故事。

相传清朝末年，扬州城里有一个姓未的财主，此人虽有万贯家产，却非常吝啬。这一年，未财主想在后花园砌一座绣楼。因他吝啬，本地工匠无人前往他家工作。从春暖花开等到秋深叶落，绣楼仍未动工。急得未财主到处贴榜，声称愿来砌墙者，除给工钱外，每天免费供应三餐。最后好不容易才招到了五个从外地来的工匠。

领班的是一个叫曹寿的年轻人，此人十分精明能干。第二天，未财主给他们吃的早餐就是照得见人影的稀饭和一小碗萝卜干，午餐也不过是难以下咽的糙米饭和缺油少盐的青菜汤。一连三天，天天如此。气得曹寿等人给他磨洋工。

正好这天财主老婆过生日，厨师买了一条二十多斤重的大鲢鱼。鱼身做了菜，鱼头没用处，财主觉得弃之可惜，便命厨师将鱼头骨去掉，把鱼头肉烧成菜。厨师想了片刻，先把鱼头一劈两半，冲洗干净，再放进锅里用清水煮。煮到肉离骨时，捞出去骨，将鱼头肉归在一起放上油、盐、葱、姜等下锅烧烩，端去给曹寿等人吃。众人一看，不由得怒从心头起。这哪里是鱼？明明是吃过的剩菜！一怒之下，全都往外走。这可急坏了未财主，忙说："这是家传名菜，无骨无刺，味道鲜美。"随后，又让厨师多放了些调料、配菜，用鸡汤重烧。厨师出于好奇，尝了尝，感到鱼肉肥嫩，味道鲜美，很有特色。曹寿等人食后，也觉得不错，方才平息了怒气。

后来这位厨师在选料和烹制等方面做了多次实验，直到自己满意后，才挂出拆烩鱼头羹的菜牌正式对外供应。此菜上市后颇受顾客欢迎，不久，便成了誉满江苏的扬州名菜。

原料

鲢鱼头 ················· 800 克

调料

盐 ····················· 2 克
料酒 ·················· 200 克
胡椒粉 ················· 1 克
水淀粉 ················· 适量
葱段 ··················· 20 克
姜片 ··················· 10 克
高汤 ·················· 100 克
食用油 ················· 适量

第一步
烫鱼头

制作拆烩鱼头羹要选厈花鲢，它又叫鳙鱼。因其头部肌肉、软组织丰满，所以它是做拆烩鱼头羹的上佳原料。

先将鱼头去鳃洗净，然后劈成两片放入锅中。

锅中加入清水（能淹没鱼头即可）、部分葱段、部分姜片、部分料酒、少许盐，旺火烧至80℃时转微火，鱼头在80℃的锅中继续烹煮约20分钟，直至鱼头骨肉分离。

第二步
拆鱼头肉

将烹熟的鱼头捞出，放入深盘中冲凉水降温。待鱼头温度降低之后，再进行拆骨。

拆骨时最好在盘中带水拆。利用水的浮力，减少操作对鱼肉的破坏，尽可能保持鱼头的完整性。

鱼头骨拆完后，将盘中多余的水去掉，再将鱼头肉顺着盘子滑到砧板上。

用刀将鱼头肉改成小块待用。整个过程要小心、仔细、专注。

第三步
烧鱼头肉

锅入少许食用油加热,煸香葱段,加入姜片后加入高汤(用老母鸡、筒子骨、火腿、瑶柱等高档原料熬制数小时而成),然后把改刀后的鱼头肉加入到汤中烧制。

鱼头肉需要烧制,不然无味,但又不可烧制时间过长,以免将鱼肉烧碎。

第四步
烩鱼头羹

烧制好的鱼头肉汤中加入剩余的盐、料酒调味,调匀之后,勾入芡汁。

在勾芡的时候,要先将整锅菜肴缓慢顺一个方向搅动起来,然后慢慢淋入水淀粉。如果搅拌的速度太快,也会把鱼肉搅碎。芡汁浓度确定后,放入胡椒粉,目的是去除鱼肉的腥味,然后盛起装盘即可。

第五步　装盘

影响中国菜的那些人　周晓燕

086

炒软兜

软兜长鱼是淮安、盐城等地的名菜。新中国成立时举办的开国第一宴的第一道菜就是淮扬的软兜长鱼，因此它也有"共和国第一菜"之称。

清人徐珂在其《清稗类钞·饮食类》中记载："淮安多名庖，治鳝尤有名……且能以全席之肴，皆以鳝为之，多者可至数十品。盘也，碗也，碟也，所盛皆鳝也。而味各不同，谓之全鳝席。"

据说，清光绪年间两江总督左宗棠视察云梯关淮河水患，驻淮安府。淮安知府特地从车桥地区请厨师做了一道软兜长鱼，供左宗棠品尝。在左宗棠的推荐下，软兜长鱼作为淮安府的贡品之一进京恭贺慈禧大寿。

炒软兜以鲜嫩滑爽见长，贵在软嫩。该菜成品，以举箸夹食两端自然下垂且相连者为上品。它好似孩子胸前的兜肚，食时可用汤匙兜住。软兜菜品正是因此而得名。

这道菜入口酸甜，胡椒香味、蒜香味浓重，肉质有弹性，清鲜爽口。

伍。周晓燕的代表菜

原料

细长鱼（鳝鱼）……1000 克

调料

蒜瓣	10 克	葱	50 克
黄酒	10 克	姜	50 克
老抽	5 克	胡椒粉	3 克
色拉油	15 克	鸡粉	3 克
生抽	15 克	糖	15 克
香醋	115 克	水淀粉	适量
盐	80 克	高汤	适量

第一步
焖制长鱼

将大部分葱切成葱段，少部分切成葱花。大部分姜切成姜片，少部分切成姜末。蒜制成蒜泥。

锅内放入约 2000 毫升清水，加入 50 克盐、100 克香醋、部分葱段、部分姜片，用旺火烧至 90℃左右。倒入长鱼后，迅速盖紧锅盖。不可将水烧沸，否则会因为水的温度过高，导致鱼皮破裂。

转小火，打开锅盖，用手勺轻轻搅动长鱼，动作要轻柔，否则容易搅坏长鱼表皮。然后再盖上锅盖，焖至长鱼嘴张开。这是判断长鱼制熟的最简单有效的方法。之所以焖煮，是因为这一步是要将其内部血液烫熟，使血液凝固，长鱼制熟需要过程，但又不能将其表皮烧破，用焖制成熟的方法非常合适。

第二步
划鳝丝

事先准备一盆凉水,将热长鱼放入凉水中降一下温。将竹筷的一头削成扁平状,作为划鳝丝的"刀"。

取一条长鱼,左手拇指、食指、中指三根手指抓住长鱼头,鱼腹朝外,鱼背对着厨师,右手手持竹片刀,从头部下刀,沿着侧线往后划,这样可以将腹部和内脏与脊骨分离。

接着从头部下竹片刀,沿着鱼骨往尾部划,只将一侧鱼肉与骨头分离,鱼皮不能划破。

再从头部下刀的地方插入竹片刀,将长鱼翻身,背部朝上,用竹片刀往鱼尾部划,将鱼的脊背肉完整取下来。脊背肉拦腰截成两半,待用。

第三步
炒软兜

取一个小碗，加入少许盐、糖、鸡粉、黄酒、老抽、生抽、少许香醋、少许胡椒粉、高汤、水淀粉，调制成芡汁。水淀粉的量可多一些，因为炒制前鳝丝还需用热水烫制，水分含量较大。

切葱花、葱段、姜片、姜米，制蒜泥，待用。

炒锅置旺火上，加入1000毫升清水、少许香醋、剩余盐、葱段、姜片，烧沸后，将加工好的鳝丝放入热水中静置。一来是为鳝丝提供一个基本的味道并且去腥，二来是先将鳝丝制熟一些，因为炒制的时间很短，所以需要提前加热。

取另一口锅上火，加入色拉油，煸香葱花、姜米、蒜泥，加入鳝丝和提前调制好的芡汁，旺火翻炒，直至芡汁糊化浓稠，即可装盘成菜，装盘后再撒上少许胡椒粉即成。

影响中国菜的那些人　周晓燕

红花汁白菜

此菜是淮扬冬令代表菜品,是在传统名菜烂糊肉丝的基础上演变而来的。烂糊肉丝是用少量肉丝和较多的青菜炖焖的菜肴,用肉丝赋予素菜一些肉香,又用素菜中和肉的油腻感,是一道很受欢迎的传统菜式。

红花汁白菜借鉴了烂糊肉丝的烹饪技法,也结合了开水白菜的风味,突出淮扬冬令食材大白菜的美味,质感绵软,入口即化。

淮扬当地产的大白菜,经过霜露的洗礼后,会变得更加甜润鲜香。大文豪苏东坡有"白崧似羔豚,冒土出熊蹯"的诗句,形容冬季的白菜如羔豚一样有甘润的口感。

此菜在传统调味的基础上加入了藏红花汁,菜品色泽金黄,菜叶软烂而不失其形,汤汁浓厚,令人食欲大增。

伍。周晓燕的代表菜

原料		调料	
白菜心	100 克	盐	2 克
老母鸡	500 克	调和油	30 克
火腿	250 克	料酒	10 克
筒子骨	250 克	葱	10 克
珧柱	100 克	姜	10 克
母蟹	1 只	胡椒粉、香醋	各适量
		色拉油	适量
		水淀粉	适量
		藏红花汁	适量

第一步 制汤

　　部分葱、姜切成末。剩余葱切成葱段，剩余姜切成姜片。老母鸡、筒子骨均焯水洗净，与火腿、瑶柱等一起放入5000克清水中，加少许葱段、少许姜片、少许料酒，先用大火烧开，再转小火炖4小时，过滤后制成高汤备用。

第二步 拆蟹粉

母蟹用清水反复冲洗,冲净表面的泥沙。接着用小刷子仔细地刷净母蟹的腹部和蟹钳,小刷子可以用废弃的牙刷代替。然后将螃蟹放入蒸笼,蒸锅上汽后大火蒸约15分钟,取出晾至不烫手。

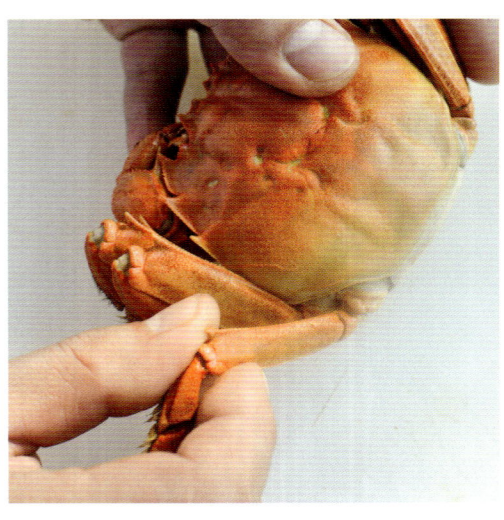

顺着蟹腿的方向向下扳,把蟹腿扳下来,这样可以把根部的骨节带出。扳下两个大螯放至一边待拆。从关节处折叠蟹腿,在关节处剪一刀,使蟹腿分成两节。

把蟹腿根部关节中的蟹肉剔出,放入碗中,蟹腿较粗的一节开口向上放在案板上,用擀面杖从下向上擀压蟹腿,把蟹肉推出来。抽出蟹肉时,注意抽出蟹腿肉中的筋膜,再用相同的方法,取出蟹腿较细的一节中的蟹肉。

第三步
炒蟹粉

炒锅上火加入少许色拉油,煸香葱末、姜末,然后加入拆好的蟹粉,加入高汤、胡椒粉焖制2分钟,然后淋几滴香醋,即可出锅备用。

第四步 烫白菜

将白菜洗净，切下白菜叶子的部分，菜帮留作他用。用手将白菜叶撕成两片。

锅中加入清水，烧沸后加入白菜叶，烫约30秒后捞出，过凉。

沥干水，并用干布将菜叶表面的水吸干，这样便于白菜吸收汤汁的味道。

第五步 煨制

锅上火,加入少许调和油,加剩余葱段、剩余姜片煸香后,加入高汤、白菜叶,大火烧制 30 分钟,转小火烧 10 分钟之后关火。

关火后将白菜浸泡在汤汁中 1 小时,以充分吸收汤汁。

第六步 调味

临上桌前,将煨制好的白菜汤再上火烧开,先加入炒好的蟹粉,然后加盐、料酒调味,放入藏红花汁调色,勾薄芡,装盘即可。

第七步 装盘

伍。周晓燕的代表菜

刀鱼馄饨

影响中国菜的那些人　周晓燕

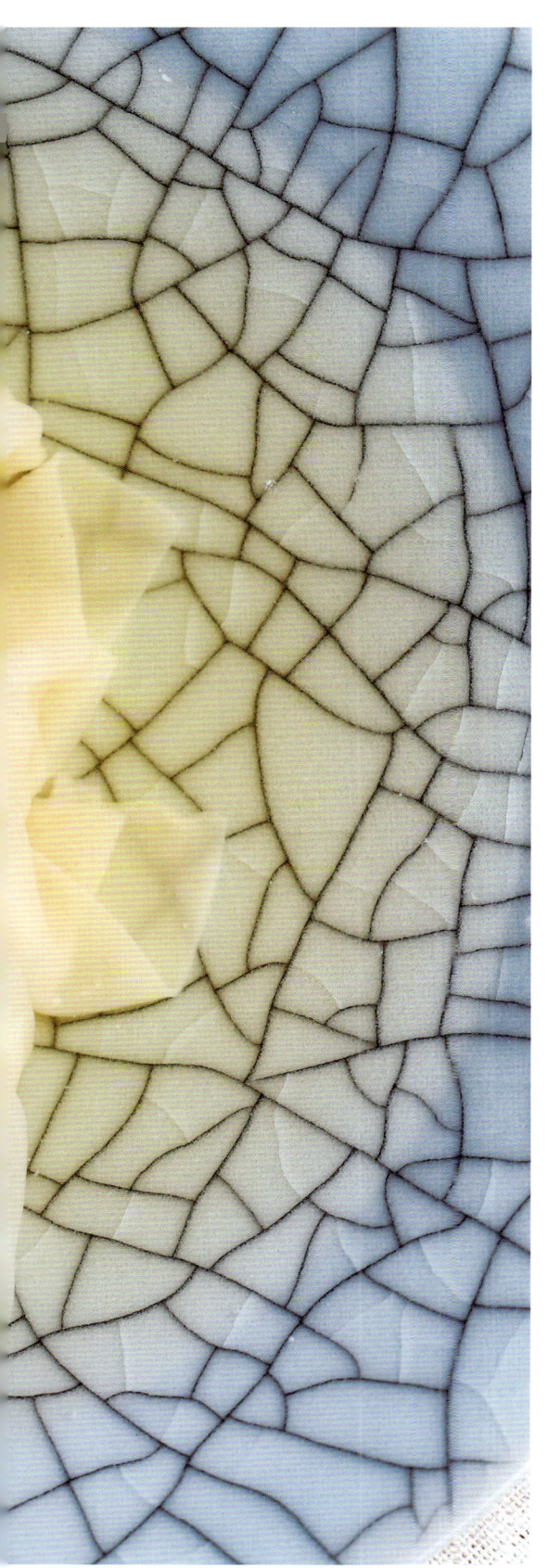

江阴农谚说，"七九见河豚，八九见刀鱼"，"河豚来看灯，刀鱼来踏青"，"刀鱼不过清明"。每当春节过后，刀鱼由海溯江产卵，肥美异常，曾被李渔誉为"春馔妙物"。刀鱼清明前质量最佳，此时鱼刺柔软，清明后刺逐渐变硬，口感变差，价格也有天壤之别。

刀鱼肉细味腴，可用作馅料。如今江刀鱼较为珍贵，包馄饨时制馅用的刀鱼多为湖刀鱼。用刺多肉细的刀鱼剔肉制作馄饨，是淮扬美食中别具一格的传统做法。

制作刀鱼馄饨三要是制皮和制馅。馄饨皮选用精白面粉制作，加入蛋清和鸡汤（刀鱼骨架汤更好）代替水来和面。制成的皮，下锅后韧性足，味鲜，久煮不烂，晶莹润泽。

制馅用的荤料选用早春出水的新鲜肥硕的雌刀鱼，绿叶菜可选用韭菜、荠菜或者脆嫩的秧草。包制时采用两次对折、两端合拢的方法，制成后的成品形状酷似银锭。入锅煮熟后，馄饨翩翩浮起，团团打转，薄薄的皮子，隐隐透出嫩绿，一个个像翡翠雕成的工艺品，令人赏心悦目。

伍。周晓燕的代表菜

原料

鸡蛋	1个	面粉	500克
刀鱼	200克	淀粉	适量
肥膘肉	20克	鸡块	适量
荠菜	100克	火腿	适量
鸡清汤	100克		

调料

盐	1克	料酒	2克
鸡粉	2克	胡椒粉	1克
葱花	10克	豆油	15克
姜末	10克	碱面	2克

第一步
馅心制作

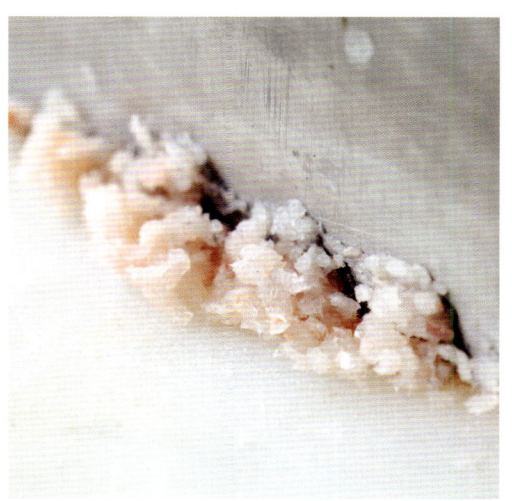

　　刀鱼要挑选早春出水的鲜货，尽可能选肥硕的雌鱼。荠菜要迄当日割下的。鸡蛋务必选生下三五天内的，使用时以剔除蛋黄只留蛋清为好。

　　刀鱼去鱼鳞、内脏、鳃后，先去掉鱼头、鱼骨，取肉，再用刀背剁碎鱼肉。因为刀鱼的小毛刺多，如果用刀刃，毛刺也会跟着被剁碎，混在鱼肉里影响食用时的口感。用刀背敲鱼肉，毛刺骨头还是完整的，这样方便去除毛刺骨头。然后再用刀刃剁鱼肉，直至肉泥粘在刀刃上掉不下来就可以了。

荠菜清洗干净后焯水,然后剁碎待用。

肥膘肉清洗干净后,剁成肉蓉待用。

将处理好的刀鱼肉、荠菜、肥膘肉一同放入碗中,然后加入盐、鸡粉、葱花、姜末、少许料酒、胡椒粉、蛋清搅拌上劲即成馅料。

第二步
擀制馄饨皮

取一个干净的盆,加入面粉、碱面、220克清水揉成团。做馄饨皮用的面团要和得硬一点,尽量多揉,揉到盆光、面光、手光就可以了。然后醒15分钟左右,中间再去揉几次。

　　取一块纱布,包入适量淀粉后扎紧袋口,擀皮时代替面粉使用。面团醒好之后,两面都撒一层淀粉,然后用擀面杖慢慢擀开,边擀边卷边均匀施力往前推,擀的过程一定要勤施粉。面皮卷完一次就放开,换一个方向重新卷,如此反复几次把面皮擀到自己想要的厚薄度。面皮擀好之后全部摊开,然后用擀面杖比着用刀划割成小四方块即可。

第三步
吊制鸡汤

鸡块焯水洗净，砂锅中放入鸡块、火腿、料酒。大火烧开，转小火炖制2小时。

第四步 包馄饨

取一张制好的馄饨皮,将馄饨皮较窄的一边面向自己,平放在手掌中。另一只手用筷子夹取适量的馅料放在馄饨皮的中间,用手指捏住馄饨皮较窄的一边向上拉起,将馅料完全包裹住。接着将馄饨皮的窄边粘黏在馄饨皮的宽边上,并用手压牢,然后用双手的食指和拇指分别捏住包好馅料的馄饨皮的下端两角,双手捏着馄饨皮平移并互相靠拢,将馄饨皮的两个下角折叠粘黏在一起,并用手捏牢,把所有的馄饨皮及馅料用同样的方法包制成馄饨。

第五步 煮熟

另取一口锅加入清水,烧沸后下入馄饨,再次烧沸后点2~3次凉水,可以使馄饨皮更加筋道、爽滑。

取一个大碗,盛入鸡清汤,将煮熟的馄饨捞入碗中即可(也可撒少许香菜、葱花或者胡椒粉点缀、增香)。

影响中国菜的那些人 周晓燕

荷叶叫花鸡

叫花鸡，又称常熟叫花鸡、煨鸡，是江苏传统名菜，是把加工好的鸡用泥土和荷叶包裹后制成的。其制法与周代"八珍"之一的"炮豚"相似。叫花鸡色泽枣红明亮，芳香扑鼻，入口酥烂肥嫩。

相传清代年间，在常熟虞山脚下，一个叫花子得到一只鸡，但无锅灶、无调料，于是将鸡宰杀，取出内脏后，用几张荷叶包起来，外面裹上泥巴用火烤制，待烤得泥巴发黄干透时，往地上一摔，鸡毛随之脱落，扑鼻的香气四散开来。附近张大户的仆人恰巧经过，被香气吸引，向叫花子讨得烤鸡之法，回去禀告给主人。主人如法炮制，做好鸡后邀亲友品尝。众人吃过赞不绝口，询问主人菜名，主人以"叫花鸡"回之。

另有一个传说。当年乾隆皇帝微服私访江南，不小心流落荒野。有一个叫花子看他可怜，便把自认为是美食的"叫花鸡"送给他吃。乾隆困饿交加，自然觉得这鸡异常好吃，吃毕，便问其名。叫花子不好意思说这鸡叫"叫花鸡"，就胡吹这鸡叫"富贵鸡"。乾隆对这鸡赞不绝口。叫花子事后才知道这个流浪汉就是当今皇上。这"叫花鸡"也因为皇上的金口一开，成了"富贵鸡"。流传至今，它也成了一道登上大雅之堂的名菜。

旧时荷叶叫花鸡是采用塘泥来密封的。现代烹饪为了更洁净、易于给食客呈现，改用面糊代替塘泥制作。

伍。周晓燕的代表菜

原料

童子鸡 ···1 只（约 1000 克）
面粉 ························ 适量

调料

小葱	30 克	胡椒	7 个
姜	35 克	盐	5 克
八角	7 个	荷叶	3 张
香叶	7 片	料酒	15 克
桂皮	7 个	蚝油	30 克
草果	7 个	猪网油	1 张
丁香	7 个		

第一步 开膛

叫花鸡开膛与制作其他菜肴给鸡开膛有很大的不同。以往多选用腹开的方法对鸡、鸭等禽类进行开膛，而叫花鸡是采用"肋开法"，就是在鸡翅下开口，然后取出内脏的方法，此方法适合整鸡烤制的菜肴。在去除内脏时需要注意的是，禽类的肺都是贴在肋骨上的，需要用手指抠下来，鸡肺是不可食用的。去除内脏后，用清水冲洗干净即可。

第二步 腌制

童子鸡洗净后,用盐、小葱、姜、八角、香叶、桂皮、草果、丁香、蚝油、料酒、猪网油、胡椒等腌制 1 小时。腌制时要先用这些香料在鸡表面不断擦拭,最后将香料塞进腹腔内。

第三步
生坯成形

干荷叶事先用开水烫洗,擦干表面的水,然后用荷叶将童子鸡包裹严实。

再包两层纸。用面粉、水揉制成面团，把面团擀开，包在纸外面。

第四步 制熟

烤箱预热至200℃，然后将包制成形的生坯放入烤箱，在200℃的烤箱内烤制1.5~2小时，取出。

将烤熟的荷叶叫花鸡用锤子锤开外面的面壳，打开荷叶，原鸡放在荷叶中，将鸡切开，装盘即可。

影响中国菜的那些人 **周晓燕**

椒盐黄鱼

此菜以小黄鱼为主要原料制作而成。小黄鱼是江苏南通启东一带的特色原料。每年早春是小黄鱼密集成群涌向近海口产卵的季节，因小黄鱼"最占春光之先"，故有"春鱼"之称。

小黄鱼肉呈蒜瓣状，肉嫩而鲜美，历来颇受食客的喜爱。清代王蒔蕙作《黄花鱼》一诗："琐碎金鳞软玉膏，冰缸满载入关肴，女儿未受郎君聘，错伴春筵媚老饕"，赞美了小黄鱼之鲜美。

不同的季节可以选择应时的鱼类进行同样的烹饪。春季除用小黄鱼外，还可以用鳜鱼、塘鲤鱼，这些都是淮扬特色鱼类。夏天可以用银鱼、鮰鱼替代。

炸菜配椒盐是淮扬菜的一个特色。淮扬菜的炸菜，几乎都可以看到用椒盐进行调味的做法。用椒盐配炸鱼既可增加菜品的香味，又不会改变鱼肉的清鲜味。

炸鱼时要注意控制油温，分三次炸制。炸好的黄鱼应色泽金黄、香脆可口、外酥里嫩。

伍。周晓燕的代表菜

原料

小黄鱼	3 条	紫薯	5 克
洋葱末	20 克	慈姑	5 克
芹菜末	20 克		

调料

胡椒粉	5 克	玉米淀粉	15 克
小葱	20 克	泡打粉	2 克
姜	10 克	调和油	100 克
盐	2 克	料酒	适量
鸡蛋	1 个	花椒	10 克
面粉	15 克	花椒盐	10 克

第一步
原料准备

小黄鱼宰杀、去鳞，洗净后去头。用刀沿着脊骨将鱼肉片成两半，再将半片肉去除胸骨，用小葱、姜、胡椒粉、洋葱、芹菜、盐、花椒、料酒腌渍2小时左右，将腌好的鱼沥干，用干布吸去其表面的水。

第二步 调 糊

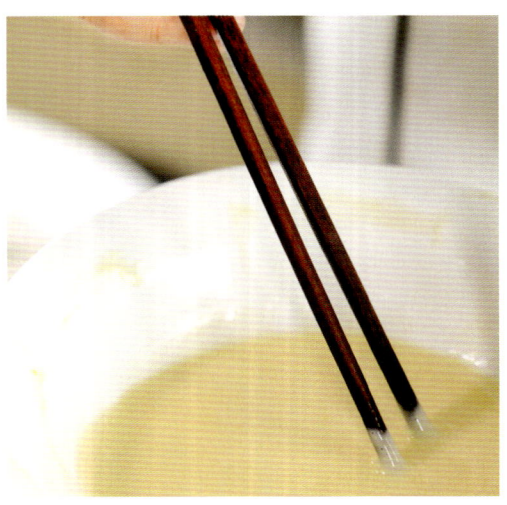 

面粉、玉米淀粉按1:1的比例混合,加入鸡蛋、泡打粉、水,调制成脆皮糊。糊的浓稠度可用筷子测试。筷子蘸面糊后提起,让其自然流下,面糊能均匀地裹在筷子表面即可。将鱼挂脆皮糊。

第三步
制配料

  将紫薯、慈姑分别切片，用清水浸泡 15 分钟，以漂去多余的淀粉。捞出沥干，表面用干布吸干。

  在六成热的油中炸约 30 秒，至酥脆，捞出后用吸油纸吸油备用。

第四步 油炸

调和油再烧热后,将挂完脆皮糊的鱼下锅,炸至定型捞起。

用中火加热油锅,再次下鱼炸2分钟左右,养熟,捞出。

将油再次加热,至上升到七成热,将鱼复炸约1分钟,至呈金黄色时捞起。复炸时油温不能过低,否则容易出现成品含油太多的现象。

第五步
装　盘

将炸好的黄鱼放上紫薯片、慈姑片等点缀装盘，花椒盐蘸碟跟着炸鱼上桌即可。

影响中国菜的那些人 **周晓燕**

狮子头

狮子头是扬州四大名菜之一,也是一道淮扬菜厨师必学的经典菜。

据说,当年隋炀帝杨广游扬州时,对扬州万松山、金钱墩、象牙林、葵花岗四大名景十分喜爱。回到行宫后,吩咐御厨以上述四景为题,制作四道菜肴。御厨们在扬州名厨指点下,费尽心思做成了松鼠鳜鱼、金钱虾饼、象牙鸡条和葵花斩肉四道菜。其中,葵花斩肉就是扬州狮子头名字的前身。

到唐代,郇国公韦陟宴客,厨师也做了这道名菜,因其形状如雄狮之头,宾客们纷纷进言郇国公佩狮子帅印,显示战功赫赫。韦陟因而将葵花斩肉改名为狮子头,佩狮子帅印,扬州狮子头就此得名,算起来已有数百年历史。

清炖狮子头肥而不腻;菜心酥烂清口,入口即化。

伍。周晓燕的代表菜

> 原料

猪五花肉 ………… 1000克
白菜叶 ……………… 5张
鸡蛋 ………………… 2个
排骨 ………………… 适量

> 调料

盐 …………………… 3克
水淀粉 ……………… 适量
料酒 ………………… 适量
姜末 ………………… 6克
葱花 ………………… 8克

第一步
原料准备

将猪五花肉的猪皮去毛，用刀刮洗干净，去皮。将肥肉和瘦肉分开，肥肉切成石榴米大的丁，瘦肉切成略小的丁斩一下。猪皮切成菱形片。排骨剁成块。

白菜叶洗净，用开水略烫　回软待用。

第二步
成　形

　　取器皿，放入肉丁、葱花、姜末、料酒、少许盐，加适量水搅匀。再加入少许鸡蛋清和水淀粉，搅打至上劲，分成 10 份，做成光滑的肉馅圆子，待用。

　　用水淀粉和鸡蛋清调成芡汁，两手沾上芡汁，拿上 1 份肉馅圆子，双手反复掼至圆子上劲、表面光滑，暂放入盘中。再重拿 1 份圆子反复掼制，依此法将 10 份圆子都掼上劲。

第三步　炖制

猪肉皮和排骨分别焯水，洗净。

取砂锅，先放入排骨，再放入肉皮，倒入清水烧开。将狮子头逐个放入砂锅中，将白菜叶铺平盖在狮子头上面，盖上锅盖，用小火炖2小时，上桌前加盐调味即可。

影响中国菜的那些人 周晓燕

蒲菜炝虎尾

炝虎尾是淮扬菜的一道传统名菜。它是将鳝鱼背上的一段净肉用开水稍焯后加浓汁调味制作而成的，因其形似虎尾，故而得名。

鳝鱼是淮扬菜中常用的一种食材，民间有"小暑黄鳝赛人参"之说。当地人认为夏季吃鳝鱼有滋补作用。淮安一带精于制作鳝鱼肴馔，其传统名菜如"炒软兜""大烧马鞍桥"为人们所津津乐道。经过多年的发展，淮安已经形成了吃鳝鱼席的习俗。

用鳝鱼制作菜肴，据说始于汉朝，到唐宋以后，较为盛行。江苏淮扬地区较早开始制作鳝鱼菜肴，烹调经验丰富。中外许多食客在当地品尝这道历史名菜后，均因其滋味鲜美赞不绝口。

炝虎尾是鳝鱼席中的一道常见菜式。而蒲菜与鳝鱼相结合，荤素搭配，味道更丰富。

伍。周晓燕的代表菜

原料

蒲菜 ················ 50克
鳝鱼（笔杆青）········ 100克

调料

盐 ················ 80克
香醋 ··············· 150克
料酒 ··············· 50克
黑胡椒 ·············· 5克
胡椒粉 ·············· 10克
大豆油 ·············· 100克
蒸鱼豉油 ············ 50克
葱花 ··············· 少许
蒜泥 ··············· 少许
葱段 ··············· 10克
姜片 ··············· 10克
蒜头 ··············· 50克
高汤 ··············· 适量

第一步
智取鳝丝

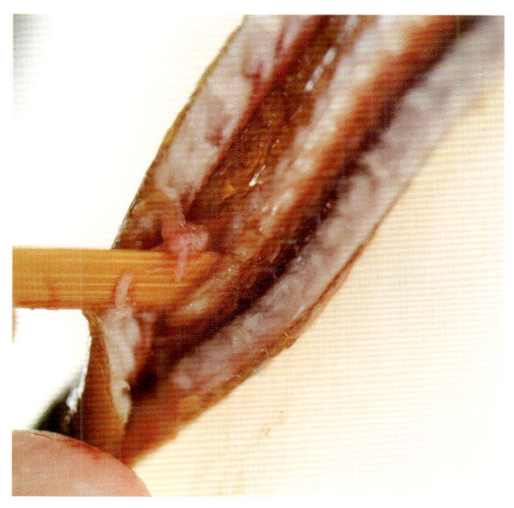

锅内放入约 2 升清水，加入 50 克盐、100 克香醋、少许葱段、少许姜片，用旺火烧至 90℃左右，倒入鳝鱼，迅即盖紧锅盖。不可将水烧沸，否则会因为水的温度过高，导致鱼皮破裂。转小火，打开锅盖，用手勺轻轻搅动，动作要轻柔，否则容易搅坏鳝鱼表皮。

然后再盖上锅盖，焖至鳝鱼嘴张开，这是判断鳝鱼制熟的最简单有效的方法。采用焖制的原因是这一步需将其内部烫熟，使血液凝固，制熟鳝鱼需要一定的时间，但又不能将其表皮烧破，所以才用焖熟的方法。

事先准备一盆凉水，将热鳝鱼放入凉水中降一下温。

将竹筷的一头削成扁平状,作为划鳝丝的"刀"。取一条鳝鱼,左手拇指、食指、中指三根手指抓住鳝鱼头,鱼腹朝外,鱼背对着厨师,右手手持准备好的竹片刀。从头部下刀,沿着侧线往后划,这样可以将腹部和内脏与脊背分离。

重新从头部下刀,沿着鱼骨往尾部划,这时候只将一侧鱼肉与骨头分离,鱼皮不能划破。

之后依旧是从头部下刀的地方,插入竹片刀,然后将鳝鱼翻身,背部朝上,将刀插入,往鱼尾部拉,这样就可以将鱼的脊背肉完整地取下来。取下的鱼肉待用。

第二步
蒲菜焯水

蒲菜洗净,切成长20厘米左右的段。

炒锅置于火上,加入清水、少许盐,烧沸后加入蒲菜段,焯水备用。

第三步
卤汁调制

锅中放入大豆油，再放入切碎的蒜头煸成金黄色，然后放入黑胡椒煸香后，加入高汤、蒸鱼豉油、胡椒粉等调味，烧开后制成卤汁待用。

第四步
菜肴成形

锅置火上，加入清水、葱段、姜片、料酒、盐、香醋烧沸，将划好的鳝丝放入锅内再次焯水。

分别将鳝丝和蒲菜卷成圈 放入盘中。最后浇上熬好的卤汁，撒上葱花、蒜泥，淋响油即可。

苹果八宝饭

八宝饭是用糯米加豆沙、猪油、白糖、桂圆、红枣、莲子等多种辅料蒸制而成的甜食。八宝饭流行于全国各地，在江南尤其盛行。所加辅料，各地不尽相同。淮扬地区的八宝饭一般要加桂花、薏米、莲子等，蒸熟后要浇上糖卤汁食用。八宝饭味道甜美，是江南人家节日必备和待客佳品。

民间认为八宝饭来源于古代的八宝图，具有祈福的寓意。例如，莲子是八宝图中的和合二仙转化而来的，象征婚姻和谐；桂圆象征团圆；金橘象征吉利；红枣象征早生贵子；蜜樱桃、蜜冬瓜象征甜甜蜜蜜；薏米仁系仙鹤转化而成，象征长寿、高雅、纯洁；瓜子仁是鼓板的变体，象征生活有规律，平安无灾祸；红梅丝与龙门同色，含有鼓励进取、祝福顺利的意思；绿梅丝象征长寿。

后来八宝饭的用料日趋简化，用各色果脯代替了金橘脯、蜜樱桃、蜜冬瓜、红梅丝、绿梅丝。再后来又增添了桂花等香料．寓意"金（所用桂花必须是金桂）玉（糯米呈玉脂白色）满堂"。

苹果八宝饭是在传统八宝饭基础上的创新。苹果的使用，一是降低了油、糖的使用量，二是利用苹果的清香赋予八宝饭清爽的果味，解除八宝饭的油腻感，同时丰富了八宝饭的滋味。果香浓郁、软糯不腻、酸甜可口，使更多的人能接受这道略显甜腻的传统美食。

伍。周晓燕的代表菜

原料

小青苹果 …1个（约80克）
糯米 …………………… 100克
桂圆肉 ………………… 10克
豆沙 …………………… 10克
枸杞 …………………… 5克
蜜枣 …………………… 5克
话梅肉 ………………… 5克
葡萄干 ………………… 5克

调料

白糖 …………………… 30克
蜂蜜 …………………… 50克
糖桂花酱 ……………… 20克
猪油 …………………… 20克

第一步
食材预加工

将苹果的核掏空、去皮,然后泡在清水里,避免其褐变。糯米洗净后泡水 30~40 分钟,待用。

第二步
制　熟

　　将泡透的糯米上锅蒸30分钟左右，蒸熟后倒入大碗中，加入桂圆肉、豆沙、枸杞、蜜枣、话梅肉、葡萄干，加入白糖、30克蜂蜜，再加入猪油，拌匀，再次上笼蒸40分钟待用。

第三步
成形装盘

将蒸好的八宝糯米饭真入苹果里面,继续蒸制5分钟,至苹果和八宝糯米饭一样软糯后装盘。最后淋上用蜂蜜和糖挂花酱调好的卤汁即可。

影响中国菜的那些人 **周晓燕**

文思豆腐羹

文思豆腐是一道有着悠久历史的淮扬传统名菜，为清代乾隆年间扬州僧人文思和尚所创。清代《扬州画舫录》记载："枝上村，天宁寺西园下院也……僧文思居之。文思字熙甫，工诗，善识人，有鉴虚、惠明之风，一时乡贤寓公皆与之友；又善为豆腐羹、甜浆粥，至今效其法者，谓之文思豆腐。"《调鼎集》上又称之为"什锦豆腐羹"。它是用多种原料与豆腐一起做成的羹，味道极其鲜美嫩滑，被列为淮扬十大名菜之一。此菜体现了淮扬菜细腻精湛的刀工。文思豆腐选用的是最嫩的内酯豆腐。五厘米见方的豆腐块可以切出近万根豆腐丝，而且粗细均匀，细如发丝。此刀工的练就需要三至五年的时间，还需要厨师自身有悟性，与厨刀之间配合默契。真正制作文思豆腐的高手，是可以蒙眼切豆腐的。这完全取决于厨师的手感及操作熟练程度。

伍。周晓燕的代表菜

原料

内酯豆腐	……………	半盒
青菜叶	……………	1 片
熟火腿	……………	10 克
老母鸡	……………	500 克
火腿	……………	250 克
筒子骨	……………	250 克
瑶柱	……………	100 克
鸡胸肉	……………	50 克

调料

盐	……………	1 克
葱段	……………	适量
姜片	……………	适量
料酒	……………	适量
水淀粉	……………	适量

第一步
豆腐切丝

将内酯豆腐切成细丝。第一步先切片，第二步将片切成丝。切丝时，左手手指抵住刀，慢慢往后退，控制刀的走向和间距。右手持刀上下跳刀切丝。将切好的豆腐丝放入水中，轻轻拂动，使其呈云丝状。将青菜叶、熟火腿切成同样的细丝。青菜叶丝泡水待用。

第二步
吊　汤

（可供 10 份菜品用）

　　老母鸡、筒子骨均焯水洗净，与火腿、瑶柱等一起放入 5000 克清水中，加葱段、姜片、料酒。先用大火烧开，再转小火炖 4 小时，过滤后备用。鸡胸肉粉碎成肉泥，用清水浸泡，做成吊汤的臊子。过滤后的汤倒入锅中，烧至 80℃左右，用手勺轻轻顺着一个方向搅动，然后轻轻倒入事先准备好的鸡肉臊子，小火慢慢加热，待鸡肉成团上浮，汤汁变清后，用纱布过滤，即成清汤。

第三步
烧豆腐羹

炒锅置于火上,加入清汤烧沸,加入盐调味,同时勾入水淀粉,使汤变得浓稠。豆腐丝撇去水,倒入汤汁中,用手勺的背部顺一个方向搅动,使豆腐丝均匀地分布在汤汁中。最后加入熟火腿丝、青菜叶丝,同样顺势搅动均匀,烧开装盘即可。

伍。周晓燕的代表菜

影响中国菜的那些人 周晓燕

三鲜脱骨鱼

脱骨鱼是淮扬特色传统名菜之一，是体现淮扬刀工绝技的典型代表，从荷包鱼发展而来。清代淮扬美食著作《调鼎集》中有"大鲫鱼或鲤鱼去鳞，将骨挖去"的记载。这是脱骨鱼的雏形。后来扬州盐商私人家宴中出现了"没骨鱼"，虽然没有具体做法的记载，但应该是脱骨鱼的前身。

现在的脱骨鱼是用特殊的刀具将鱼的脊骨、胸骨、内脏全部去除，但仍能使鱼的外形保持完整。此刀法需要厨师不仅有熟练的刀工技巧，同时也要对鱼的骨骼结构了如指掌，这样才能拿捏得十分到位。

三鲜脱骨鱼以鲤鱼为制作主料，辅以猪肉、鸡胗等制作而成。它的烹饪技巧以烧为主，味道咸鲜。在放馅料的时候注意不宜放得过满，否则在烧制时，馅料容易溢出。

菜品鱼形完整，鱼肉鲜嫩，腹藏三鲜，别具风味。

伍。周晓燕的代表菜

原料

活鲤鱼 … 1条（约750克）
五花肉 …………… 150克
干香菇 …………… 2朵
竹笋 ……………… 30克
虾仁 ……………… 20克
鸡胗 ……………… 适量

调料

盐 ………………… 6克
酱油 ……………… 5克
料酒 ……………… 20克
熟猪油 …………… 100克
葱、姜、蒜 ……… 各适量
白糖 ……………… 适量

第一步
调制肉馅

　　干香菇用温水泡发，洗净去除泥沙，切成小丁。竹笋去皮，焯水后切成丁。鸡胗清洗干净，煮熟后切成丁。虾仁漂洗干净，用干布吸干表面的水，待用。葱分别切成葱段和葱花。姜分别切成姜片和姜米。

　　五花肉剁馅,加葱花、姜米、少许料酒、少许盐、香菇丁、鸡胗丁、笋丁、虾仁,搅拌均匀,制成五花肉泥,待用。

第二步
整鱼脱骨

鲤鱼刮去鱼鳞、去除鱼鳃。用干布吸去表面的水，平放至砧板上。在鱼身一面的肛门处横切一刀，切断脊骨；在另一面的鳃部后面横切一刀，切断脊骨、食管。

然后选用长30厘米、宽3厘米的长薄形尖刀（俗称柳叶刀），从两刀口处伸进，沿脊骨将骨肉轻轻割离。将鱼的正反两面都如此处理。用刀沿着脊骨，再慢慢贴着胸骨割到腹部。脱骨鱼制作的关键在于脱骨的时候不能将鱼肚弄破，同时还要将骨头去除干净，做到骨不带肉、肉不带骨。

脊骨和胸骨都从鱼肉上分离后,从鳃口处取出脊骨和内脏,洗净沥干,将事先调制好的五花肉泥酿入脱骨的鲤鱼体内。

第三步
烧　制

　　锅置火上烧热,加入适量熟猪油,加热后煸香葱段、姜片、蒜,然后放入鲤鱼,煎至两面金黄。

　　加入料酒、酱油、盐、葱、姜、白糖和适量清水,加盖大火烧沸。再转小火烧20分钟,淋入熟猪油,转旺火收稠汤汁,起锅装盘即成。

影响中国菜的那些人 **周晓燕**

虾爆鳝

此菜是淮扬夏季的一道传统名菜，民间素有"小暑的黄鳝赛人参"的谚语。淮安地区特别擅长制作鳝鱼菜品，其菜品达一百多种，可形成完整的鳝鱼席。

以鳝鱼为材料一般分生、熟两种。一种是生的鳝鱼直接烹饪，成品特点是脆嫩鲜香，如爆鳝筒、蝴蝶片等。另一种需要先把鳝鱼制熟再烹饪，成品特点是软嫩滑爽，如软兜鳝鱼、响油鳝糊等。

虾爆鳝属于生爆一类，选择鳝鱼时应该选择大一点的，这样能满足菜品质地脆嫩的要求。虾也要选择口感脆嫩的基围虾，这样烹饪时间可以一致，口感也保持统一。虾仁鲜嫩，鳝鱼香脆 味道鲜美。

伍。周晓燕的代表菜

原料

基围虾 ……………… 150 克
粗鳝鱼 … 1 条（约 250 克）
红椒 ………………… 1 个
干面粉 ……………… 适量

调料

盐 ………………… 适量　　水淀粉 ……………… 适量
生抽 ……………… 4 克　　色拉油 ……………… 适量
醋 ………………… 适量　　胡椒粉 ……………… 5 克
白糖 ……………… 5 克　　葱、姜 ……………… 各 10 克
料酒 ……………… 5 克　　蒜 …………………… 15 克
香油 ……………… 2 克　　葱姜汁 ……………… 适量

第一步
原料准备

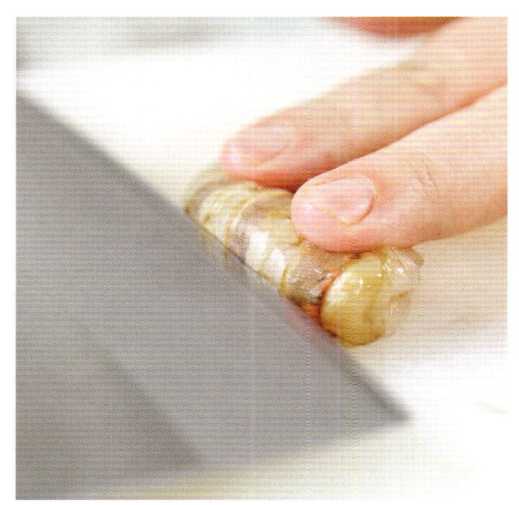

基围虾去头、壳，开背剔除虾线，用清水反复搅拌清洗，然后捞出用干布吸干表面的水，加少许盐、少许料酒、少许水淀粉腌制上浆后，放入冰箱冷藏，静置25分钟备用。

　　鳝鱼宰杀、破腹后去除内脏，然后用刀尖沿着脊骨慢慢将一侧破开，左手抓鳝鱼头，右手持刀沿脊骨的另一侧平推至尾部，得到无骨的鱼肉。注意取鱼肉的时候不要将鱼皮划破，以免影响后期生坯的成形。将去骨后的鳝鱼肉用盐、醋反复搓洗，洗净鳝鱼表皮的黏液，然后用干布反复擦净表皮的水和黏液。还可以用干面粉一起搓洗，此方法同样可以很有效地去除鳝鱼表面的黏液。将清理干净的鳝鱼朝下，用刀在肉面剞上十字花刀（深度为鱼肉厚度的2/3，间距5毫米）。将处理好的鳝鱼改刀成6厘米的长段，加盐、葱姜汁、少许料酒、水淀粉腌制上浆，备用。葱切马蹄片，姜、蒜、红椒均切菱形片，备用。

第二步
预热处理

炒锅上火,加入色拉油烧至120℃左右,将上浆好的虾仁滑油至熟。待油温升高到150℃,放入鳝鱼段爆炒至熟,出锅之前加入红椒片稍加热,将锅内食材盛出锅,滤油待用。

第三步 爆香

炒锅上火,加入少许色拉油,爆香葱、姜、蒜,放入少许料酒,加入生抽、醋、白糖,再放入虾、鳝鱼片、红椒,翻炒,勾芡,淋入香油,撒上胡椒粉即可。

第四步 装盘

167

伍。周晓燕的代表菜

影响中国菜的那些人 周晓燕

扬州炒饭又名扬州蛋炒饭，原流传于民间，相传源自隋朝越国公杨素爱吃的碎金饭。隋炀帝巡视江都（今扬州）时，将蛋炒饭传入扬州。历代厨坛高手逐步创新，糅合进淮扬菜肴的"选料严谨，制作精细，加工讲究，注重配色，原汁原味"的特色，终于将其发展成为淮扬风味有名的主食之一。欧美各国、日本、中国香港等地的扬州风味菜馆，也纷纷挂牌售此美食，可见它颇受欢迎。2015年10月22日，扬州炒饭新标准对外发布。按照新标准，扬州炒饭在形态上要米饭颗粒分明，晶莹透亮；色彩上要红绿黄白橙皆有，明快、和谐；口感上要软硬适度，香润、爽口；气味上要具有炒饭特有的香味。

伍。周晓燕的代表菜

主料

粞米饭 …………… 500 克

配料

鸡蛋	5 个	鸡肝	1 个
水发海参	25 克	水发香菇	15 克
鸡胸肉	50 克	冬笋	15 克
火腿	25 克	熟青豆	15 克
珧柱	12 克	小米葱	100 克
免浆河虾仁	50 克	生姜	20 克
鸡胗	1 个		

调料

料酒	7 克	鸡清汤	30 克
盐	15 克	色拉油	500 克
酱油	2 克		

第一步 原料准备

小米葱取一部分切段,将剩余葱切成葱花。生姜切片。

火腿、瑶柱加料酒、少许葱段、少许姜片蒸制,制熟后,将火腿切成末,瑶柱捻成丝。

鸡胸肉、鸡胗、鸡肝加少许料酒、少许葱段、少许姜片煮熟,切成小丁。

水发海参、冬笋、水发香菇均焯水,切成小丁。

鸡蛋打入碗内,加5克盐搅打均匀。

第二步
炒浇头

　　炒锅上火烧热，加入色拉油，烧热至120℃左右时，放入虾仁滑油，制熟后捞出待用。

　　锅中留少许油，煸香葱花（葱白部分的葱花），加入火腿末、珧柱丝、鸡肉丁、鸡胗丁、鸡肝丁、海参丁、笋丁、香菇丁炒香，然后加入少许盐、料酒、酱油、鸡清汤，炒匀后盛出待用。

第三步
炒鸡蛋

炒锅上火,加入少许色拉油烧热,然后加入蛋液,迅速搅拌,使炒好的蛋颗粒尽量小一些,这样炒出来才能达到"碎金饭"的效果,但是切不可有焦煳的现象。鸡蛋最好选用散养土鸡蛋,这样炒出来才会出现金黄的色泽,而且香味十足。

第四步 炒饭

　　在蛋液半凝固状态下加入米饭翻炒均匀,倒入一半浇头、葱花、少许盐继续炒匀,直至米粒在锅里"跳舞",将2/3米饭分装盛入盘中,然后将余下的浇头和熟虾仁、熟青豆倒入锅内,同锅中余饭一同炒匀。

　　最后盛放在先前炒饭的表面即可。

第五步
装盘

影响中国菜的那些人 **周晓燕**

松仁红酥鸡

红酥鸡是一道用鸡肉与猪肉混合制作的传统名菜，在淮安、扬州、泰州一带流传甚广。据说乾隆皇帝下江南时，扬州盐商曾进献四款扬州名菜，其中有一道为"一品酥鸡"，可能就是红酥鸡。酥鸡是一种烹饪方法，菜品名称可根据配料不同而变化，加入猪肉的一般称为红酥鸡，加入虾肉的称为白酥鸡，在上面镶入松子仁的称为松子酥鸡。红酥鸡色泽红亮，肉质酥烂，猪肉与鸡肉香味交融，入口咸鲜，回味微甜。

伍。周晓燕的代表菜

原料

鸡大腿 …………… 2 只	河虾子 …………… 5 克
肥瘦相间猪五花肉 …300 克	虾仁 …………… 50 克
鸡蛋 …………… 1 个	扬州梅岭青菜（摆盘用）
干香菇 …………… 2 个	…………… 20 棵
春笋 …………… 15 克	

调料

盐 …………… 2 克	葱 …………… 15 克
料酒 …………… 10 克	老抽 …………… 2 克
淀粉 …………… 10 克	生抽 …………… 3 克
松子仁 …………… 15 克	糖 …………… 10 克
蚝油 …………… 5 克	油 …………… 适量
十三香 …………… 2 克	姜 …………… 15 克

第一步 制馅

干香菇用温水泡发至回软,用清水洗净,切成丁。春笋焯水过凉水后切成丁。青菜修整成火箭头状(注意大小一致)的菜心。将葱、姜分别取一半切成葱花、姜末,另一半切成葱段、姜片待用。虾仁洗净后去除虾线,用刀制成蓉。五花肉用刀剁成肉泥后,加入虾蓉、香菇丁、春笋丁、河虾子、盐、少许料酒、葱花、姜末、少许淀粉、鸡蛋液、水,搅拌上劲后备用。

第二步
生坯成形

先将鸡大腿用刀沿腿骨划开,然后剔除腿骨。用刀背将鸡腿肉拍松,鸡皮朝下,在肉面用刀排斩,不能切破皮。然后在肉面撒上淀粉,将调好的肉馅抹在鸡腿的上面,继续用刀进行排斩,目的是让肉馅与鸡腿结合得更加紧密。之后撒上松子仁,用手按实。

第三步
烧　制

　　取一个平底不粘锅上火加热，不用放油，鸡皮朝下小火煎制大约3分钟，用平铲小心翻面。鸡皮会渗出很多油。煎有猪肉馅的一面时，可以观察下鸡皮是否已变为金黄色，色泽不够的话过会儿还可以翻回去再补煎一会儿，煎至两面金黄。注意一定要用小火，因为肉厚不好熟。

　　另取一个炒锅上火，加入少许油，煸香葱段、姜片，然后放入煎制定型的红酥鸡半成品，鸡肉在上，猪肉在下，加蚝油、料酒、生抽、老抽、糖、十三香、小碗水（使锅中水面的高度和肉齐平），烧开转中小火，煨20分钟，边烧边往肉上撩汁。

第四步 蒸制

将烧制入味的红酥鸡改刀成长条块,整齐地码在大碗中。

将原卤汁倒入碗中,再放入葱段、姜片,用大火蒸30分钟。

将卤汁倒入锅中,加淀粉调成芡汁。

碗中的酥鸡扣在大盘中,淋上调好的芡汁,边上点缀菜心即可。